U0314080

日光温室蔬菜气象服务基础

魏瑞江 主编

气象出版社
China Meteorological Press

内 容 简 介

　　本书针对日光温室蔬菜生产和气象服务的需要，详细介绍了华北不同区域日光温室黄瓜、番茄、西葫芦、茄子、青椒、芹菜、甘蓝7种蔬菜的主要种植茬口、每个茬口所处的时间、期间需要的气象条件、天气特点、主要气象灾害、温室管理注意事项、主要病虫害、病虫害与气象条件的关系等内容。

　　本书可供气象服务人员、农业气象业务和科研人员以及从事设施农业研究、生产、管理的人员参考使用。

图书在版编目(CIP)数据

　　日光温室蔬菜气象服务基础 / 魏瑞江主编. —北京：气象出版社，2014.10

　　ISBN 978-7-5029-6020-9

　　Ⅰ．①日… Ⅱ．①魏… Ⅲ．①疏菜－温室栽培－气象服务 Ⅳ．①S165

　　中国版本图书馆 CIP 数据核字(2014)第 231312 号

出版发行：气象出版社
地　　　址：北京市海淀区中关村南大街 46 号　　　邮政编码：100081
总 编 室：010-68407112　　　　　　　　　　　发 行 部：010-68406961
网　　　址：http://www.cmp.cma.gov.cn　　　　E-mail：qxcbs@cma.gov.cn
责任编辑：吴晓鹏　陈蕊　　　　　　　　　　　终　　审：章澄昌
封面设计：燕彤　　　　　　　　　　　　　　　责任技编：吴庭芳
印　　　刷：北京京华虎彩印刷有限公司
开　　　本：889 mm×1194 mm　1/32　　　　　印　　张：5.625
字　　　数：153 千字
版　　　次：2014 年 10 月第 1 版　　　　　　　印　　次：2014 年 10 月第 1 次印刷
定　　　价：20.00 元

本书如存在文字不清、漏印以及缺页、倒页、脱页等，请与本社发行部联系调换。

《日光温室蔬菜气象服务基础》编委会

主编：魏瑞江

编委：马凤莲　　谷永利　　吴伟光　　王　双
　　　　吴瑞芬　　王志伟　　孙丽华　　王　鑫
　　　　李海涛　　武荣盛　　乐章燕　　杨　松
　　　　高飞翔　　吴歆彦　　王志春

前　言

　　日光温室蔬菜生产是设施蔬菜生产的重要组成部分,截至 2013 年,我国日光温室面积已经达到 96 万公顷,种植时间涉及秋、冬、春、夏四个季节。

　　日光温室蔬菜有其自身的生长发育规律,不同的蔬菜或在不同的生育阶段所需要的气象条件不同,日光温室为蔬菜生长发育提供了所需的小气候环境。日光温室内蔬菜生产虽然是在人为环境下进行的,但其内在的小气候环境受外界气象条件的影响很大,当外界气象条件不能满足温室内蔬菜生长发育需求而达到一定程度时就会造成灾害,且不同时间灾害种类可能不同。

　　日光温室内特殊的小气候环境为蔬菜提供生长发育环境的同时,也为蔬菜病虫害的发生提供了一定的空间,日光温室内所发生的病虫害种类和程度在不同时期是不同的。温室内病虫害的发生发展除了与其自身的生物特性有关外,还受气象条件、蔬菜品种、耕作栽培制度、施肥与灌溉水平等因素的影响,特别是受气象条件的影响较大。

　　为了做好设施农业气象服务工作,多年来,河北省气象科学研究所在设施农业气象方面进行了积极的探索和实践,同时深入生产一线,认真了解基层设施农业管理人员、技术人员及广大菜农对气象方面的需求,并收集整理归纳实际生产中的一些指标,在十多年的设施农业气象研究和服务实践的基础上,协同"华北日光温室小气候资源高效利用技术研究"项目组人员编著了这本《日光温室蔬菜气象服务基础》,以求对设施农业气象服务和设施农业生产有所帮助和启迪。

　　本书共分 7 章,比较系统地归纳总结了华北不同区域日光温室黄瓜、番茄、西葫芦、茄子、青椒、芹菜、甘蓝 7 种主要蔬菜主要种植茬口、每个茬口所处的时间、期间适宜的气象条件、天气特点、主要气象灾害、管理注意事项、主要病虫害、病虫害与气象条件的关系等。

本书中"冀中南"指河北省廊坊、保定及以南的平原区；"冀西北"指河北省张家口坝下地区；"冀东北"指河北省承德中南部及唐山和秦皇岛地区；"晋南"指以运城、临汾为代表的山西省南部地区；"晋东南"指以长治、晋城为代表的山西省东南部地区；"晋中"指以晋中、吕梁、阳泉、太原市为代表的山西省中部地区；"晋北"指以大同、朔州、忻州为代表的山西省北部地区；"蒙东"指以赤峰为代表的内蒙古燕山丘陵区及西辽河流域；"蒙中"指以呼和浩特为代表的内蒙古中部地区，包括呼和浩特中南部、包头南部和乌兰察布中南部；"蒙西"指以巴彦淖尔为代表的内蒙古西部地区，包括巴彦淖尔市南部、鄂尔多斯市和阿拉善盟。

本书得到了河北农业大学王金春教授、河北省农业厅姜京宇研究员的帮助，河北省农林科学院李志宏研究员审阅了全书，提出了宝贵的意见，在此一并表示衷心感谢。

本书仅列举了华北各地日光温室蔬菜主要的种植茬口，而在实际生产过程中种植茬口可能不仅仅局限于此，所以需要在今后的工作中不断予以完善。文中所涉及的病虫害种类是在广泛咨询蔬菜生产一线的科技人员或管理人员或实际调查得到的，实际上病虫害的种类可能不止这些，有些病虫害与气象条件的关系还有待在今后研究中进一步了解。同时由于各地气候差异较大，日光温室结构、管理水平不尽一致，本书中一些指标难免存在差异，仅供参考。

限于作者学术水平，加之编写时间较紧，本书还存在许多不足和遗漏之处，恳请读者指正。

编者

2014 年 5 月

目　录

第 1 章

日光温室黄瓜气象服务基础

1.1 秋冬茬黄瓜

1.1.1 播种育苗期

播种～2 叶 1 心或 3 叶 1 心。

（1）时间

    冀中南:8 月。

    冀西北:7 月中旬—8 月下旬。

    冀东北:8 月中旬。

    晋　南:8 月中旬—8 月下旬。

    晋东南:9—10 月。

    晋　中:8 月上旬—9 月上旬。

    晋　北:7 月上旬—8 月上旬。

    蒙　东:7 月末—8 月中旬。

    蒙　中:7 月中旬—8 月上旬。

    蒙　西:6 月末—7 月中旬。

（2）适宜的气象条件

秋冬茬黄瓜播期要求较严(与冬春茬比较)。此时正直高温多雨季节,如果播种早了会造成幼苗徒长和发生多种病害,如果播种晚了会造成收瓜时间短,减少产量,所以播种期应该适中偏早较好。

日光温室内气温白天 20～30℃,夜间不低于 12℃。

（3）此期天气特点

冀中南:温度高、多雨、闷热。旬平均气温 8 月上旬 25.8～

27.2℃、8 月中旬 24.7～26.0℃、8 月下旬 23.6～24.9℃；平均每天日照时数由 8 月上旬的 5.4～7.8 小时、8 月中旬的 5.8～7.5 小时，到 8 月下旬的 6.1～8.0 小时。

冀西北：旬平均气温由 7 月中旬的 19.7～24.8℃、7 月下旬的 20.1～25.1℃、8 月上旬的 19.2～24.2℃、8 月中旬的 18.0～23.3℃，到 8 月下旬的 16.5～22.0℃；平均每天日照时数为 7.0～8.9 小时。

冀东北：8 月中旬旬平均气温 21.0～25.2℃，平均每天日照时数 6.1～7.8 小时。

晋南：旬平均气温由 8 月中旬的 23.0～25.7℃，到 8 月下旬的 22.1～24.6℃；平均每天日照时数由 8 月中旬的 5.2～6.7 小时，到 8 月下旬的 5.9～7.4 小时。

晋东南：月平均气温由 9 月的 15.0～18.4℃，到 10 月的 9.2～12.5℃；平均每天日照时数 9 月 5.5～6.9 小时、10 月 5.5～7.0 小时。

晋中：8 月月平均气温为 18.4～22.6℃、9 月上旬旬平均气温为 15.2～19.9℃；平均每天日照时数由 8 月的 6.3～7.4 小时，到 9 月上旬的 5.7～7.1 小时。

晋北：旬平均气温 7 月上旬 19.5～24.7℃、7 月中旬 19.7～24.9℃、7 月下旬 19.8～25.0℃、8 月上旬 19.1～24.1℃；平均每天日照时数 7 月上旬 7.3～9.3 小时、7 月中旬 7.2～9.0 小时、7 月下旬 7.1～9.5 小时、8 月上旬 6.6～8.4 小时。

蒙东：旬平均气温由 8 月上旬的 22.4～23.9℃，到 8 月中旬的 20.8～22.6℃；平均每天日照时数 8 月上旬 7.9～8.5 小时、8 月中旬 8.2～8.5 小时。

蒙中：旬平均气温 7 月中旬 19.5～23.9℃、7 月下旬 19.4～23.6℃、8 月上旬 18.6～22.7℃；平均每天日照时数 7 月中旬 8.9～9.3 小时、7 月下旬 8.0～8.4 小时、8 月上旬 8.3～8.5 小时。

蒙西：旬平均气温 7 月上旬 22.9～24.4℃、7 月中旬 23.8～24.9℃；平均每天日照时数 7 月上旬 9.1～10.1 小时、7 月中旬

9.5~10.6小时。

（4）主要灾害

冀中南：光照强度过大、高温高湿、雨涝、连阴寡照、大风等。

冀西北：风雹、大风、洪涝等。

冀东北：连阴寡照、高温高湿等。

晋　南：光照强度过大、高温高湿、雨涝、连阴寡照、大风等。

晋东南：高温高湿、连阴寡照、大风等。

晋　中：光照强度过大、高温高湿、雨涝、连阴寡照、大风等。

晋　北：高温高湿、风雹、大风、洪涝等。

蒙　东：高温高湿、光照强度过大、风雹、大风、洪涝等。

蒙　中：高温高湿、光照强度过大、风雹、大风、洪涝等。

蒙　西：高温高湿、光照强度过大、风雹、大风等。

（5）管理注意事项

幼苗期当光照过强时，应适当遮光，减少光照；大放风，使空气流畅，防止温度过高而使幼苗徒长；勤灌水，使土壤见干见湿，每次浇水应在早晨进行，应勤浇少浇，保持土壤一定湿度，降低地温；防止雨水漏入室内，雨后还要及时放风排湿。

（6）主要病虫害

冀中南：霜霉病、猝倒病、疫病、炭疽病和生理病等病害；烟粉虱、白粉虱、红蜘蛛、蚜虫等虫害。

冀西北：病害较少，易发生蚜虫、红蜘蛛、潜叶蝇、白粉虱等虫害。

冀东北：霜霉病、疫病等病害。

晋南：霜霉病、白粉病等病害，蚜虫、白粉虱、美洲斑潜蝇等虫害。

晋东南：病毒病、叶斑病、猝倒病等病害，潜叶蝇、白粉虱、菜青虫等虫害。

晋中：蚜虫、白粉虱、斑潜蝇等虫害。

晋北：病毒病、根腐病等病害，蚜虫、美洲斑潜蝇等虫害。

蒙东：猝倒病、立枯病等病害。

蒙中：菌核病、霜霉病等病害。

蒙西：立枯病等病害，蚜虫、斑潜蝇等虫害。

（7）病虫害与气象条件的关系

霜霉病：该病发生必须具备相应的温度和湿度，两者缺一不可。发病最适温度为 16～24℃。空气相对湿度在 85％ 以上时，易发病；空气相对湿度低于 60％ 时，病菌不能产生孢子囊。

猝倒病：影响该病发生的主要因素是土壤温度、湿度、光照和管理水平。苗床浇水过多、湿度过大、土壤温度 15℃ 以下、阴雨天气多、光照不足、播种过密、间苗移苗不及时、施用带菌肥料、长期使用同一苗床土壤等都会诱使病害发生或加重。该病主要在幼苗长出 1～2 片真叶时发生，3 片真叶后，发病较少。

疫病：在高温高湿的条件下容易流行。病菌发育的最适温度为 28～30℃，土壤湿度大时易发病，浇水过多或水量过大，田间潮湿，发病重。

炭疽病：发病适温为 20～27℃，空气相对湿度大于 95％，叶片有露珠时利于发病。土壤黏性、排水不良、偏施氮肥、光照不足、通风不及时的发病重。在适温范围内，空气湿度越大，发病越重。

病毒病：在高温、干旱、日照强以及缺水、缺肥、管理粗放、蚜虫多时发病重。

叶斑病：发病适温 25～28℃，空气相对湿度大于 85％ 时易发病，尤其生产后期发病重。

根腐病：土壤连作种植及低温弱光高湿环境是导致温室黄瓜根腐病流行的主要外因条件。黄瓜根腐病的致病病菌对温度适应性较广，在 10～30℃ 条件下均能正常生长发育，最适宜温度为 20～25℃。

立枯病：立枯丝核菌适温 17～28℃，在 12℃ 以下或 30℃ 以上受抑制。在苗床温度较高和空气不流通，幼苗发黄时，易发生立枯病。

菌核病：病害的发生对温度条件要求不很严格，9～35℃ 温度范围内均可发病，但以 20～25℃ 条件下发病最重。湿度和保湿时间是该病发生的重要条件，空气相对湿度在 80％ 以上才能发病，而且湿度越高发病越重。保湿时间在 40 小时以上开始发病,保湿时间越长发病越严重,连续黑暗条件下发病重。

烟粉虱:当温度比较高,干燥少雨时烟粉虱发生数量较高,适宜温度为 27～33℃。低温和高温对烟粉虱的发育和存活均有抑制作用。烟粉虱卵及各龄期若虫在 75% 空气相对湿度下存活率最高。

白粉虱:繁殖的适温为 18～21℃,在温室条件下,约 1 个月完成一代。

红蜘蛛:干旱高温的环境适宜红蜘蛛的生长繁殖。生长和繁殖的最适温度为 29～31℃,空气相对湿度为 35%～55%。

蚜虫:繁殖最适温度为 16～22℃。一般施化肥多,氮素含量高,疯长、过嫩的植株蚜虫多。

潜叶蝇:属温度敏感型害虫,生长发育适温为 20～30℃。

美洲斑潜蝇:幼虫生长适宜温度为 20～30℃,超过 30℃或低于 20℃则发育缓慢。一般出现在上午,中午前后最活跃,高温时在植株下部活动。

菜青虫:发育最适温度为 20～25℃,空气相对湿度在 76% 左右。

1.1.2　定植期

(1)时间

冀中南:9 月上中旬。

冀西北:9 月上旬—9 月下旬。

冀东北:9 月上旬。

晋　南:9 月中旬—9 月下旬。

晋东南:10—11 月。

晋　中:9 月上中旬。

晋　北:8 月中旬—8 月下旬。

蒙　东:8 月下旬—9 月上旬。

蒙　中:8 月中旬。

蒙　西:7 月下旬—8 月中旬。

（2）适宜的气象条件

定植后一周内可适当提高温度促进缓苗,白天 28～32℃,夜间 18～20℃,空气相对湿度可达 90％,缓苗后可适当降低温湿度,白天 25～30℃,夜间 12～15℃,土壤湿度保持在 70％～80％,并进行多次中耕,有条件的可铺设地膜。

（3）此期天气特点

冀中南:旬平均气温由 9 月上旬的 21.6～23.3℃,到 9 月中旬的 19.6～21.6℃;平均每天日照时数由 9 月上旬的 5.8～7.6 小时,到 9 月中旬的 6.0～7.7 小时。

冀西北:旬平均气温由 9 月上旬的 14.3～20.0℃,9 月中旬的 12.2～17.9℃,到 9 月下旬的 10.1～15.8℃;期间平均每天日照时数 7.5～8.5 小时。

冀东北:9 月上旬旬平均气温为 17.5～22.5℃,平均每天日照时数为 6.8～8.5 小时。

晋南:旬平均气温由 9 月中旬的 18.7～21.0℃,到 9 月下旬的 16.9～19.1℃;平均每天日照时数由 9 月中旬的 5.1～6.0 小时,到 9 月下旬的 4.8～5.7 小时。

晋东南:月平均气温由 10 月的 9.2～12.5℃,到 11 月的 1.9～5.6℃;平均每天日照时数由 10 月的 5.5～7.0 小时,到 11 月的 5.6～6.8 小时。

晋中:旬平均气温由 9 月上旬的 15.2～19.9℃,到 9 月中旬的 13.3～18.1℃;平均每天日照时数由 9 月上旬的 5.7～7.1 小时,到 9 月中旬的 5.4～7.2 小时。

晋北:旬平均气温由 8 月中旬的 17.6～22.4℃,到 8 月下旬的 16.3～21.3℃;平均每天日照时数由 8 月中旬的 6.7～8.4 小时,到 8 月下旬的 7.4～9.6 小时。

蒙东:旬平均气温由 8 月下旬的 19.6～21.5℃,到 9 月上旬的 17.2～19.0℃;平均每天日照时数 8 月下旬 8.9～9.3 小时,9 月上旬 8.4～8.8 小时。

蒙中:8 月中旬旬平均气温为 17.3～21.5℃,平均每天日照时数为 8.1～8.5 小时。

蒙西:旬平均气温由 7 月下旬的 23.6～24.7℃、8 月上旬的 22.7～23.6℃,到 8 月中旬的 20.9～22.1℃;平均每天日照时数 7 月下旬 9.4～9.9 小时、8 月上旬 9.4～9.7 小时、8 月中旬 8.7～9.3 小时。

（4）主要灾害

冀中南:高温高湿、连阴寡照、大风等。

冀西北:风雹、洪涝、大风等。

冀东北:连阴寡照、大风等。

晋　南:高温高湿、连阴寡照、大风等。

晋东南:连阴寡照、大风、强降雪、低温冷冻害、低温寡照等。

晋　中:高温高湿、连阴寡照、大风等。

晋　北:风雹、大风、洪涝等。

蒙　东:风雹、大风、高温高湿、洪涝等。

蒙　中:风雹、大风、高温高湿、洪涝等。

蒙　西:风雹、大风、高温高湿等。

（5）管理注意事项

注意及时放风、勤浇水、适当松土、降雨时关闭风口;浇水后或阴雨天时,如果温室内湿度大应注意用药防病;压紧棚膜,预防大风;注意保温。

（6）主要病虫害

冀中南:霜霉病、炭疽病、病毒病、角斑病、灰霉病、蔓枯病等病害;烟粉虱、白粉虱等虫害。

冀西北:霜霉病、疫病等病害;蚜虫、红蜘蛛、白粉虱、潜叶蝇等虫害。

冀东北:炭疽病等病害。

晋南:霜霉病、白粉病等病害;蚜虫、白粉虱等虫害。

晋东南:病毒病、叶斑病等病害;潜叶蝇、白粉虱等虫害。

晋中:霜霉病、角斑病等病害;蚜虫、白粉虱、美洲斑潜蝇等虫害。

晋北：霜霉病、灰霉病等病害。

蒙东：霜霉病、疫病等病害。

蒙中：菌核病、霜霉病等病害。

蒙西：叶斑病等病害。

（7）病虫害与气象条件的关系

霜霉病：该病发生必须具备相应的温度和湿度，两者缺一不可。发病最适宜温度为16～24℃。空气相对湿度在85％以上时，易于发病；空气相对湿度低于60％时，病菌不能产生孢子囊。

炭疽病：发病适温为20～27℃，空气相对湿度大于95％，叶片有露珠时利于发病。土壤黏性、排水不良、偏施氮肥、光照不足、通风不及时的发病重。在适温范围内，空气湿度越大，发病越重。

疫病：在高温高湿的条件下容易流行。病菌发育的最适温度为28～30℃，土壤湿度大时易发病，浇水过多或水量过大，田间潮湿，发病重。

灰霉病：温度20℃左右、阴天光照不足、空气相对湿度在90％以上、结露时间长会导致灰霉病发生蔓延。

蔓枯病：发病适宜温度在18～25℃，空气相对湿度在85％以上。连阴天、夜间露水大、大水漫灌、土壤水分高时利于该病的发生。

病毒病：在高温、干旱、日照强以及缺水、缺肥、管理粗放、蚜虫多时发病重。

白粉病：最适宜温度为20～25℃。温室内空气相对湿度25％以上即可发病，在45％～75％时发病最快，空气相对湿度超过90％或叶片上有水滴存在，病原菌发生发展受抑制。连续阴天、雾天、光照不足、氮肥使用过多或缺肥、温室内温度偏高等都利于黄瓜白粉病的发生与流行。

叶斑病：发病适温25～28℃，空气相对湿度大于85％时易发病，尤其生产后期发病重。

美洲斑潜蝇：幼虫生长适宜温度为20～30℃，超过30℃或低于20℃则发育缓慢。一般出现在上午，中午前后最活跃，高温时在植株下部活动。

角斑病:发病的适宜温度为 22～24℃,空气相对适宜湿度在 70％以上。在温度较低、黄瓜叶面结露时间长的情况下,发病较重。

菌核病:病害的发生对温度条件要求不很严格,9～35℃温度范围内均可发病,但以 20～25℃ 条件下发病最重。湿度和保湿时间是该病发生的重要条件,空气相对湿度在 80％以上才能发病,而且湿度越高发病越重。保湿时间在 40 小时以上开始发病,保湿时间越长发病越严重,连续黑暗条件下发病重。

烟粉虱:当温度比较高,干燥少雨时烟粉虱发生数量较高,适宜温度为 27～33℃。低温和高温对烟粉虱的发育和存活均有抑制作用。烟粉虱卵及各龄期若虫在 75％空气相对湿度下存活率最高。

蚜虫:繁殖最佳温度为 16～22℃。一般施化肥多,氮素含量高,疯长、过嫩的植株蚜虫多。

白粉虱:繁殖的适温为 18～21℃。在温室条件下,约 1 个月完成一代。

红蜘蛛:干旱高温环境适宜红蜘蛛的生长繁殖。生长和繁殖的最适温度为 29～31℃,空气相对湿度为 35％～55％。

潜叶蝇:属温度敏感型害虫,生长发育适温为 20～30℃。

1.1.3　花果期

(1)时间

　　　　　冀中南:10 月—翌年 1 月上中旬。

　　　　　冀西北:10 月上旬—翌年 1 月中旬。

　　　　　冀东北:10 月中下旬—12 月下旬。

　　　　　晋　南:10 月中下旬—12 月。

　　　　　晋东南:12 月上旬—翌年 2 月上旬。

　　　　　晋　中:10 月下旬—翌年 1 月下旬。

　　　　　晋　北:9 月上旬—翌年 1 月下旬。

　　　　　蒙　东:9 月下旬—10 月上旬。

　　　　　蒙　中:9 月上旬—11 月下旬。

　　　　　蒙　西:8 月下旬—12 月初。

（2）适宜的气象条件

结果前期白天上午 25～30℃,午后 18～22℃,中后期为提高地温,白天上午 30～35℃,保持 1 小时再放风,午后降至 25～28℃,关掉放风口,待到 20℃ 开始落草苫子。放风口大小根据外界气温调节,保证在放风时温度不猛烈下降。当外界温度低于 10℃时应及时上草苫防止寒流侵袭。

（3）此期天气特点

冀中南:此期气温由高到低,日照时数由多到少。10 月月平均气温为 12.8～15.3℃、11 月月平均气温为 3.8～7.0℃、12 月月平均气温为 −2.5～1.0℃、翌年 1 月上旬旬平均气温为 −4.9～−1.0℃、1 月中旬旬平均气温为 −5.2～−1.3℃;平均每天日照时数由 10 月的 5.8～7.2 小时、11 月的 4.9～6.2 小时、12 月的 4.5～5.9 小时,到翌年 1 月上旬的 4.0～5.9 小时、翌年 1 月中旬的 4.4～6.1 小时。

冀西北:月平均气温由 10 月的 4.9～10.6℃、11 月的 −4.6～1.6℃、12 月的 −8.7～−5.0℃,到翌年 1 月的 −10.8～−7.0℃;平均每天日照时数由 10 月的 7.3～7.8 小时、11 月的 6.3～7.2 小时、12 月的 5.6～6.3 小时,到翌年 1 月的 6.2～6.8 小时。

冀东北:10 月中旬旬平均气温为 8.3～13.8℃、10 月下旬旬平均气温 5.3～10.9℃、11 月月平均气温为 −1.6～4.8℃、12 月月平均气温为 −8.9～−1.7℃;平均每天日照时数由 10 月中旬的 6.6～8.0 小时、下旬的 6.4～7.7 小时、11 月的 5.6～7.0 小时,到 12 月的 5.2～6.6 小时。

晋南:月平均气温由 10 月的 13.0～16.0℃、11 月的 5.0～10.0℃,到 12 月的 −2.0～2.0℃;平均每天日照时数由 10 月的 5.1～5.7 小时、11 月的 4.8～5.6 小时,到 12 月的 4.8～5.6 小时。

晋东南:12 月月平均气温为 −4.5～−0.3℃、翌年 1 月月平均气温 6.3～2.2℃、2 月上旬旬平均气温为 −4.2～−0.6℃;平均每天日照时数 12 月 5.3～6.5 小时、翌年 1 月 5.4～6.6 小时、2 月上旬 5.8～7.0 小时。

晋中:月平均气温由 10 月的 7.3～12.2℃、11 月的－0.9～4.8℃、12 月的－7.4～－1.1℃,到翌年 1 月的－9.5～－3.2℃;平均每天日照时数由 10 月的 5.9～7.4 小时、11 月的5.5～6.9 小时、12 月的 5.1～6.8 小时,到翌年 1 月的 5.2～6.9 小时。

晋北:平均气温由 9 月的 13.5～17.4℃、10 月的 4.9～10.2℃,到 11 月的－4.3～1.5℃、12 月的－11.7～－5.4℃、翌年 1 月的－9.1～－3.2℃;平均每天日照时数由 9 月的 5.6～6.7 小时、10 月的 5.9～7.4 小时,到 11 月的 5.5～6.9 小时、12 月的 5.0～6.8 小时、翌年 1 月的 5.2～6.9 小时。

蒙东:旬平均气温由 9 月下旬的 12.4～14.4℃,到 10 月上旬的 9.9～11.9℃;平均日照时数由 9 月下旬的 8.4～8.7 小时,到 10 月上旬的 7.8～8.4 小时。

蒙中:月平均气温由 9 月的 11.6～16.0℃、10 月的 4.1～8.6℃,到 11 月的－5.6～－0.9℃;平均每天日照时数由 9 月的 8.1～8.3 小时、10 月的 7.4～8.0 小时,到 11 月的 6.5～7.2 小时。

蒙西:8 月下旬旬平均气温为 20.1～21.1℃、9 月月平均气温为 15.7～16.6℃、10 月月平均气温为 8.2～9.0℃、11 月月平均气温为－1.3～0.5℃;平均每天日照时数由 8 月下旬的 8.9～9.7 小时、9 月的 8.2～9.0 小时、10 月的 7.9～8.6 小时,到 11 月的 7.3～7.7 小时。

（4）主要灾害

冀中南:连阴寡照、大风、强降雪、低温寡照、低温冷冻害等。

冀西北:低温冷冻害、大风、强降雪等。

冀东北:强降雪、低温寡照、大风、低温冷冻害等。

晋　南:连阴寡照、大风、强降雪、低温寡照、低温冷冻害等。

晋东南:低温冷冻害、连阴寡照、强降雪、大风、低温冷冻害、高温高湿等。

晋　中:连阴寡照、大风、低温冷冻害、强降雪、低温寡照等。

晋　北:低温冷冻害、强降雪、大风等。

蒙　东:大风、高温高湿等。

蒙 中:大风、高温高湿、低温冷冻害、强降雪、大风等。

蒙 西:大风、高温高湿、低温冷冻害、强降雪等。

（5）管理注意事项

连阴天时,在不影响温室内蔬菜对温度的要求的情况下,白天尽量揭开草苫,使蔬菜接受散射光照射,不可以连续几天不揭草苫,有条件的可适当补光;连阴骤晴时,要使蔬菜植株有一逐渐见光的过程,不可一次全部揭开草苫;勿使温室内湿度太高;温度偏低时,可在室内临时加温防寒。

（6）主要病虫害

冀中南:灰霉病、疫病、低温障碍病等病害。

冀西北:霜霉病、疫病、灰霉病等病害;蚜虫、红蜘蛛、潜叶蝇、白粉虱等虫害。

冀东北:灰霉病、疫病等病害。

晋南:霜霉病、角斑病等病害;白粉虱等虫害。

晋东南:霜霉病、白粉病、灰霉病等病害;潜叶蝇、白粉虱等虫害。

晋中:灰霉病、角斑病、蔓枯病等病害;蚜虫、白粉虱等虫害。

晋北:低温障碍病等病害。

蒙东:霜霉病、叶斑病、角斑病、灰霉病、炭疽病、疫病、白粉病等病害;蚜虫、白粉虱等虫害。

蒙中:白粉病、菌核病等病害。

蒙西:白粉病、霜霉病等病害;白粉虱、潜叶蝇、蚜虫等虫害。

（7）病虫害与气象条件的关系

灰霉病:温度 20℃左右、阴天光照不足、空气相对湿度在 90% 以上、结露时间长会导致灰霉病发生蔓延。

疫病:在高温高湿的条件下容易流行。病菌发育的最适温度为 28～30℃,土壤湿度大时易发病,浇水过多或水量过大,田间潮湿,发病重。

低温障碍病:黄瓜耐寒力弱,10℃以下就会受害,低于 3～5℃ 生理机能出现障碍,造成伤害。

霜霉病：该病发生必须具备相应的温度和湿度，两者缺一不可。发病最适温度为 16～24℃。空气相对湿度在 85％以上时，易于发病；相对湿度低于 60％时，病菌不能产生孢子囊。

角斑病：发病的适宜温度为 22～24℃，适宜空气相对湿度为 70％以上。在温度较低、黄瓜叶面结露时间长的情况下，发病较重。

白粉病：最适宜温度为 20～25℃。温室内空气相对湿度在 25％以上即可发病，相对湿度在 45％～75％发病最快，相对湿度超过 90％或叶片上有水滴存在，病原菌发生发展受抑制。连续阴天、雾天、光照不足、氮肥使用过多或缺肥、温室内温度偏高等都利于黄瓜白粉病的发生与流行。

蔓枯病：发病适宜温度为 18～25℃，空气相对湿度在 85％以上。连阴天、夜间露水大、大水漫灌、土壤水分高时利于该病的发生。

叶斑病：发病适温为 25～28℃，相对湿度大于 85％时易发病，尤其生产后期发病重。

炭疽病：发病适温为 20～27℃，空气相对湿度大于 95％，叶片有露珠时利于发病。土壤黏性、排水不良、偏施氮肥、光照不足、通风不及时的发病重。在适温范围内，空气湿度越大，发病越重。

菌核病：病害的发生对温度条件要求不是很严格，9～35℃温度范围内均可发病，但以 20～25℃条件下发病最重。湿度和保湿时间是该病发生的重要条件，空气相对湿度在 80％以上才能发病，而且湿度越高发病越重。保湿时间在 40 小时以上开始发病，保湿时间越长发病越严重，连续黑暗条件下发病重。

蚜虫：繁殖最佳温度为 16～22℃。一般施化肥多、氮素含量高、疯长过嫩的植株蚜虫多。

红蜘蛛：干旱高温的环境适宜红蜘蛛的生长繁殖。生长和繁殖的最适温度为 29～31℃，空气相对湿度为 35％～55％。

潜叶蝇：属温度敏感型害虫，生长发育适温为 20～30℃。

白粉虱：繁殖的适温为 18～21℃，在温室条件下，约 1 个月完成一代。

菜青虫：发育最适温度为 20～25℃，相对湿度在 76％左右。

1.2 越冬茬黄瓜

1.2.1 播种育苗期

播种~2叶1心或3叶1心。

（1）时间

冀中南：10月份。

冀西北：8月中旬—9月中旬。

冀东北：9月中下旬。

晋　南：9月下旬—10月上旬。

晋东南：9月上旬—10月上旬。

晋　中：10月中下旬。

晋　北：当地一般无越冬茬黄瓜种植。

蒙　东：9月上旬—9月中旬。

蒙　中：9月上旬—9月中旬。

蒙　西：8月末—9月上旬。

（2）适宜的气象条件

播后出苗前气温应保持在28~32℃,夜间21~23℃,齐苗后白天24~26℃,夜间14~18℃。分苗至缓苗时温度尽量保持白天28~30℃、夜间16~18℃,缓苗后温度白天20~25℃、夜间12~16℃。

（3）此期天气特点

冀中南：旬平均气温由10月上旬的15.6~17.8℃、中旬的13.0~15.4℃,到下旬的9.9~13.0℃;平均每天日照时数10月上旬5.7~7.4小时、中旬5.3~6.8小时、下旬6.1~7.2小时。

冀西北：旬平均气温由8月中旬的18.0~23.3℃、下旬的16.5~22.0℃、9月上旬的14.3~20.0℃,到9月中旬的12.2~17.9℃;期间平均每天日照时数7.6~8.5小时。

冀东北：旬平均气温由9月中旬的15.3~20.8℃,到下旬的13.1~18.8℃;平均每天日照时数6.9~8.9小时。

晋南:旬平均气温由 9 月下旬的 16.9～19.1℃,到 10 月上旬的 14.9～17.0℃;平均每天日照时数由 9 月下旬的 4.8～5.7 小时,到 10 月上旬的 5.1～5.7 小时。

晋东南:9 月月平均气温为 15.0～18.4℃、10 月上旬旬平均气温为 11.4～14.6℃;平均每天日照时数 9 月 5.3～6.6 小时、10 月上旬 5.6～6.8 小时。

晋中:旬平均气温由 10 月中旬的 7.6～12.2℃,到下旬的 4.8～10.2℃;平均每天日照时数 10 月中旬 5.2～6.7 小时、10 月下旬 6.9～8.4 小时。

蒙东:旬平均气温由 9 月上旬的 17.2～19.0℃,到 9 月中旬的 14.5～16.5℃;平均每天日照时数由 9 月上旬的 8.4～8.8 小时,到 9 月中旬的 8.4～8.9 小时。

蒙中:旬平均气温由 9 月上旬的 13.6～17.9℃,到中旬的 11.8～16.2℃;平均每天日照时数由 9 月上旬的 7.9～8.2 小时,到 9 月中旬的 8.2～8.4 小时。

蒙西:河套灌区旬平均气温由 8 月下旬的 20.1～20.5℃,到 9 月上旬的 17.6～18.5℃;平均每天日照时数由 8 月下旬的 8.9～9.7 小时,到 9 月上旬的 8.1～8.8 小时。

(4)主要灾害

冀中南:连阴寡照、大风等。

冀西北:风雹、洪涝、大风等。

冀东北:大风、连阴寡照等。

晋　南:高温高湿、连阴寡照、大风等。

晋东南:高温高湿、连阴寡照、大风等。

晋　中:连阴寡照、大风等。

蒙　东:大风、高温高湿等。

蒙　中:大风、高温高湿等。

蒙　西:大风、高温高湿等。

(5)管理注意事项

苗期注意防雨;勿使温室内温度太高;晴朗天气下要注意通风

降温、排湿,防止夜温过高;压紧棚膜,预防大风刮坏棚膜。

(6)主要病虫害

冀中南:猝倒病、立枯病、根腐病、沤根、低温生理病等病害。

冀西北:病害较少,易发生蚜虫、红蜘蛛、潜叶蝇、白粉虱等虫害。

冀东北:猝倒病、灰霉病、立枯病等病害;蚜虫、白粉虱等虫害。

晋南:立枯病、根腐病、霜霉病等病害;白粉虱等虫害。

晋东南:猝倒病等病害。

晋中:霜霉病等病害;蚜虫、白粉虱、美洲斑潜蝇等虫害。

蒙东:猝倒病、立枯病等病害。

蒙中:白粉病、霜霉病等病害。

蒙西:立枯病、白粉病等病害;白粉虱、潜叶蝇、蚜虫等虫害。

(7)病虫害与气象条件的关系

猝倒病:影响该病发生的主要因素是土壤温度、湿度、光照和管理水平。苗床浇水过多、湿度过大、土壤温度在 15℃ 以下、阴雨天气多、光照不足、播种过密、间苗移苗不及时、施用带菌肥料、长期使用同一苗床土壤等都会诱使该病害发生或加重。该病主要在幼苗长出 1~2 片真叶时发生,3 片真叶后,发病较少。

立枯病:立枯丝核菌适温为 17~28℃,在 12℃ 以下或 30℃ 以上受抑制。在苗床温度较高和空气不流通,幼苗发黄时,易发生立枯病。

根腐病:土壤连作种植及低温弱光高湿环境是导致温室黄瓜根腐病流行的主要外因条件。黄瓜根腐病的致病病菌对温度适应性较广,在 10~30℃ 条件下均能正常生长发育,最适宜温度为 20~25℃。

沤根:地温低于 12℃,持续时间较长,且浇水过量或遇连阴雨天;苗床温度过低,幼苗发生萎蔫,萎蔫持续时间长等,均易产生沤根。

低温生理病:播后气温、地温过低,种子发芽和出苗延迟,苗黄苗弱,沤籽或发生猝倒病、根腐病等;出土幼苗子叶边缘出现白边,叶片变黄,根系不烂也不长。

霜霉病:该病发生必须具备相应的温度和湿度,两者缺一不可。发病最适温度为 16～24℃。空气相对湿度在 85％以上时,易于发病;相对湿度低于 60％时,病菌不能产生孢子囊。

　　白粉病:最适宜温度为 20～25℃。温室内空气相对湿度 25％以上即可发病,相对湿度为 45％～75％发病最快,相对湿度超过 90％或叶片上有水滴存在,病原菌发生发展受抑制。连续阴天、雾天、光照不足、氮肥使用过多或缺肥、温室内温度偏高等都利于黄瓜白粉病的发生与流行。

　　美洲斑潜蝇:幼虫生长适宜温度为 20～30℃,超过 30℃或低于20℃则发育缓慢。一般出现在上午,中午前后最活跃,高温时在植株下部活动。

　　蚜虫:繁殖最佳温度为 16～22℃。一般施化肥多,氮素含量高,疯长、过嫩的植株蚜虫多。

　　白粉虱:繁殖的适温为 18～21℃,在温室条件下,约 1 个月完成一代。

　　红蜘蛛:干旱高温环境适宜红蜘蛛的生长繁殖。生长和繁殖的最适温度为 29～31℃,空气相对湿度为 35％～55％;

　　潜叶蝇:属温度敏感型害虫,生长发育适温为20～30℃。

1.2.2　定植期

　　(1)时间

　　　　　　冀中南:11 月。

　　　　　　冀西北:9 月下旬—10 月上旬。

　　　　　　冀东北:11 月中旬。

　　　　　　晋　南:10 月下旬—11 月上旬。

　　　　　　晋东南:10 月上旬—11 月上旬。

　　　　　　晋　中:11 月中旬。

　　　　　　蒙　东:10 月上旬—10 月中旬。

　　　　　　蒙　中:9 月下旬—10 月中旬。

　　　　　　蒙　西:9 月中旬—9 月下旬。

（2）适宜的气象条件

最适宜的温度白天控制在 25～30℃,夜间 15℃左右。要求有一定的昼夜温差,一般应在 10～15℃为宜。

（3）此期天气特点

冀中南:旬平均气温由 11 月上旬的 6.9～10.3℃、中旬的 3.5～6.4℃,到下旬的 1.1～4.4℃;平均每天日照时数由 11 月上旬的 5.5～6.7 小时、中旬的 5.0～6.2 小时,到下旬的 4.1～5.7 小时。

冀西北:旬平均气温由 9 月下旬的 10.1～15.8℃,到 10 月上旬的 10.3～13.5℃;平均每天日照时数 7.3～7.9 小时。

冀东北:11 月中旬旬平均气温－2.0～4.3℃;平均每天日照时数 5.7～7.1 小时。

晋南:旬平均气温由 10 月下旬的 10.0～12.1℃,到 11 月上旬的 7.7～10.0℃;平均每天日照时数由 10 月下旬的 6.0～6.7 小时,到 11 月上旬的 5.4～6.1 小时;

晋东南:10 月月平均气温为 9.2～12.5℃、11 月上旬旬平均气温 4.7～8.4℃;平均每天日照时数由 10 月的 5.5～7.0 小时,到 11 月上旬的 5.8～7.1 小时。

晋中:11 月中旬旬平均气温－1.0～4.3℃;平均每天日照时数为 5.4～6.9 小时。

蒙东:旬平均气温由 10 月上旬的 9.9～11.9℃,到 10 月中旬的 6.7～8.6℃;平均每天日照时数由 10 月上旬的 7.8～8.4 小时,到 10 月中旬的 8.0～8.4 小时。

蒙中:旬平均气温由 9 月下旬的 9.5～13.9℃、10 月上旬的 6.9～11.7℃,到 10 月中旬的 4.3～8.7℃;平均每天日照时数由 9 月下旬的 7.9～8.4 小时、10 月上旬的 7.7～8.1 小时,到 10 月中旬的 7.3～8.1 小时。

蒙西:河套灌区旬平均气温由 9 月中旬的 15.8～16.9℃,到 9 月下旬的 13.6～14.5℃;平均每天日照时数由 9 月中旬的 8.4～9.3 小时,到 9 月下旬的 8.1～8.9 小时。

（4）主要灾害

冀中南:低温寡照、大风、强降雪、低温冷冻害等。

冀西北:风雹、洪涝、大风等。

冀东北:强降雪、低温寡照、大风、低温冷冻害等。

晋　南:连阴寡照、大风、低温冷冻害、低温寡照等。

晋东南:连阴寡照、大风、低温冷冻害、低温寡照等。

晋　中:低温冷冻害、低温寡照、大风等。

蒙　东:低温冷冻害、大风等。

蒙　中:大风、高温高湿等。

蒙　西:大风、高温高湿等。

（5）管理注意事项

栽苗应选在晴天下进行。降温时注意及时覆盖保暖物,阴天时注意每天要适度放风排湿防病,有条件的可补充光照,风天注意加固棚膜和覆盖物。

（6）主要病虫害

冀中南:主要是沤根等低温生理病。

冀西北:霜霉病、疫病等病害;蚜虫、红蜘蛛、潜叶蝇、白粉虱等虫害。

冀东北:蚜虫、白粉虱等虫害。

晋南:霜霉病等病害;白粉虱等虫害。

晋东南:霜霉病、猝倒病等病害。

晋中:霜霉病等病害;蚜虫、白粉虱、美洲斑潜蝇等虫害。

蒙东:白粉病等病害。

蒙中:白粉病等病害。

蒙西:白粉病、角斑病等病害;潜叶蝇、蚜虫、白粉虱等虫害。

（7）病虫害与气象条件的关系

低温生理病:苗期地温长时间低于 12℃,会出现幼苗生长缓慢、退苗、叶色浅、叶缘枯黄,生长出现停滞,沤根等。

霜霉病:该病发生必须具备相应的温度和湿度,两者缺一不可。发病最适温度为 16～24℃。空气相对湿度在 85% 以上时,易于发病;相对湿度低于60%时,病菌不能产生孢子囊。

疫病:在高温高湿的条件下容易流行。病菌发育的最适温度为28～30℃,土壤湿度大时易发病,浇水过多或水量过大,田间潮湿,发病重。

白粉病:最适宜温度为20～25℃。温室内空气相对湿度在25%以上即可发病,相对湿度在45%～75%发病最快,相对湿度超过90%或叶片上有水滴存在,病原菌发生发展受抑制。连续阴天、雾天、光照不足、氮肥使用过多或缺肥、温室内温度偏高等都利于黄瓜白粉病的发生与流行。

角斑病:发病的适宜温度为22～24℃,适宜空气相对湿度为70%以上。在温度较低、黄瓜叶面结露时间长的情况下,发病较重。

蚜虫:繁殖最佳温度为16～22℃。一般施化肥多,氮素含量高,疯长、过嫩的植株蚜虫多。

白粉虱:繁殖的适温为18～21℃,在温室条件下,约1个月完成一代。

红蜘蛛:干旱高温的环境适宜红蜘蛛的生长繁殖。生长和繁殖的最适温度为29～31℃,空气相对湿度为35%～55%。

潜叶蝇:属温度敏感型害虫,生长发育适温为20～30℃。

美洲斑潜蝇:幼虫生长适宜温度为20～30℃,超过30℃或低于20℃则发育缓慢。一般出现在上午,中午前后最活跃,高温时在植株下部活动。

1.2.3 花果期

(1)时间

> 冀中南:12月—翌年5月。
>
> 冀西北:11月下旬—翌年3月。
>
> 冀东北:12月下旬—翌年6月。
>
> 晋　南:11月末—翌年6月。
>
> 晋东南:12月—翌年5月。
>
> 晋　中:11月下旬—翌年6月下旬。

蒙　东:10月下旬—翌年5月。

　　蒙　中:10月下旬—翌年4月。

　　蒙　西:10月中旬—翌年5月下旬。

　　(2)适宜的气象条件

　　晴天上午23～26℃,午后22～20℃,前半夜18～16℃,清晨揭苫时12～10℃。此时温度不可忽高忽低,不要轻易放高温,否则会影响其抗寒能力。入春后温度要随之提高,在晴天的白天逐渐达到25～28℃,不超过32℃,夜温20～14℃,不超过22℃。

　　(3)此期天气特点

　　冀中南:此期天气由最冷逐渐回暖,逐日日照时间也逐渐增长。从12月到翌年5月,月平均气温分别为12月-2.5～1.0℃、1月-4.6～-0.9℃、2月-1.1～2.7℃、3月5.5～8.5℃、4月13.8～16.1℃、5月19.6～21.7℃;平均每天日照时数12月4.5～5.9小时、1月4.6～6.3小时、2月5.3～7.0小时、3月6.1～7.7小时、4月7.4～8.7小时、5月7.5～9.1小时。

　　冀西北:从11月到翌年3月,月平均气温分别为11月-4.6～1.6℃、12月-8.7～-5.0℃、1月-10.8～-7.0℃、2月-10.0～-3.3℃、3月-2.4～3.4℃;平均每天日照时数11月6.3～7.2小时、12月5.6～6.3小时、1月6.2～6.8小时、2月6.8～7.5小时、3月7.3～8小时。

　　冀东北:从12月下旬到翌年6月,12月下旬旬平均气温为-10.3～-3.0℃、1月月平均气温-10.9～-4.3℃、2月月平均气温-6.5～-1.1℃、3月月平均气温1.0～5.5℃、4月月平均气温10.1～13.9℃、5月月平均气温16.4～19.8℃、6月月平均气温20.5～24.1℃;平均每天日照时数12月下旬5.0～6.5小时、1月5.7～7.0小时、2月6.4～7.5小时、3月7.0～8.2小时、4月8.9～9.2小时、5月7.9～9.2小时、6月7.3～8.6小时。

　　晋南:从12月到翌年6月,月平均气温分别为12月-1.3～1.6℃、1月-2.9～-0.2℃、2月0.8～3.5℃、3月6.4～9.0℃、4月13.6～15.9℃、5月19.0～21.3℃、6月23.0～26.0℃;平均每天日

照时数 12 月 4.8～5.6 小时、1 月 4.7～5.5 小时、2 月 4.5～5.3 小时、3 月 5.4～6.1 小时、4 月 6.5～7.3 小时、5 月 7.2～8.0 小时、6 月 6.7～7.8 小时。

晋东南：从 12 月到翌年 5 月,月平均气温分别为 12 月 −4.5～−0.3℃、1 月 6.3～2.2℃、2 月 −2.5～0.9℃、3 月 2.6～6.4℃、4 月 9.9～13.7℃、5 月 15.4～18.9℃;平均每天日照时数 12 月 5.3～6.5 小时、1 月 5.4～6.6 小时、2 月 5.2～6.2 小时、3 月 6.0～7.3 小时、4 月 7.2～8.6 小时、5 月 7.8～9.4 小时。

晋中：从 11 月下旬到翌年 6 月,11 月下旬旬平均气温为 −3.2～2.3℃、12 月月平均气温为 −7.4～−1.1℃、1 月月平均气温为 −9.5～−3.2℃、2 月月平均气温为 −5.3～−0.3℃、3 月月平均气温为 1.2～5.6℃、4 月月平均气温为 8.8～13.3℃、5 月月平均气温为 14.3～19.3℃、6 月月平均气温为 18.2～23.4℃;平均每天日照时数分别为 11 月下旬 5.5～6.9 小时、12 月 5.1～6.8 小时、1 月 5.2～6.9 小时、2 月 5.2～6.5 小时、3 月 6.2～7.6 小时、4 月 7.3～8.4 小时、5 月 8.0～9.3 小时、6 月 7.2～8.6 小时。

蒙东：从 11 月到翌年 5 月,月平均气温分别为 11 月 −4.0～−1.2℃、12 月 −10.8～−7.9℃、1 月 −13.1～−10.5℃、2 月 −9.3～−6.6℃、3 月 −2.3～0.3℃、4 月 7.9～10.0℃、5 月 15.4～16.9℃;平均每天日照时数 11 月 6.7～7.1 小时、12 月 6.1～6.7 小时、1 月 6.6～7.3 小时、2 月 7.5～8.2 小时、3 月 7.9～8.7 小时、4 月 8.4～8.7 小时、5 月 8.6～9.2 小时。

蒙中：从 10 月到翌年 4 月,月平均气温分别为 10 月 4.1～8.6℃、11 月 −5.6～−0.9℃、12 月 −12.9～−8.6℃、1 月 −15.3～−11.0℃、2 月 −11.0～−5.8℃、3 月 −4.3～1.4℃、4 月 4.8～10.3℃;平均每天日照时数 10 月 7.4～8.0 小时、11 月 6.5～7.2 小时、12 月 6.0～6.6 小时、1 月 6.3～6.9 小时、2 月 7.0～7.6 小时、3 月 7.8～8.3 小时、4 月 8.9～9.2 小时。

蒙西：河套灌区从 10 月到翌年 5 月,月平均气温分别为 10 月 8.2～9.0℃、11 月 −1.3～0.5℃、12 月 −8.6～−6.0℃、1 月

−10.9～−7.6℃、2 月−6.1～−3.4℃、3 月 0.9～2.6℃、4 月 9.5～10.7℃、5 月 16.6～17.8℃；平均每天日照时数 10 月 7.9～8.4 小时、11 月 7.3～7.7 小时、12 月 6.3～7.1 小时、1 月 6.6～7.2 小时、2 月 7.5～8.0 小时、3 月 7.9～8.7 小时、4 月 8.9～9.6 小时、5 月 9.7～10.4 小时。

（4）主要灾害

冀中南：低温冷冻害、强降雪、低温寡照、大风、连阴寡照、高温高湿等。

冀西北：低温冷冻害、大风、强降雪等。

冀东北：低温冷冻害、大风、强降雪、低温寡照、连阴寡照、高温高湿等。

晋　南：低温冷冻害、低温寡照、大风、连阴寡照、高温高湿等。

晋东南：低温冷冻害、大风、强降雪、低温寡照、连阴寡照、高温高湿等。

晋　中：低温冷冻害、大风、强降雪、低温寡照等。

蒙　东：低温冷冻害、大风、强降雪、高温高湿、低温寡照等。

蒙　中：低温冷冻害、强降雪、大风、高温高湿、低温寡照等。

蒙　西：低温冷冻害、强降雪、大风、高温高湿等。

（5）管理注意事项

加强防冻保暖措施，增加无纺布，覆盖双层或多层草苫等；采取膜下暗浇水或滴灌，以降低空气湿度；注意防病；低温连阴天时，注意在中午前后多见散射光，预防晴天后植株凋萎；有条件的可补充光照时间；风天注意加固棚膜和覆盖物；注意及时清扫积雪，以防积雪压垮温室；春季注意放风和调节温室内的温湿度。

（6）主要病虫害

冀中南：低温生理病、角斑病、灰霉病、霜霉病、炭疽病、白粉病、疫病、叶烧病等病害；白粉虱、蚜虫、红蜘蛛等虫害。

冀西北：霜霉病、疫病、灰霉病等病害；蚜虫、红蜘蛛、潜叶蝇、白粉虱等虫害。

冀东北：霜霉病、灰霉病、白粉病、菌核病、疫病、角斑病、根结线虫病等病害；蚜虫、白粉虱等虫害。

晋南：霜霉病、角斑病、靶斑病、灰霉病等病害；白粉虱、蚜虫、螨虫、蓟马等虫害。

晋东南：霜霉病、白粉病、灰霉病等病害；潜叶蝇、白粉虱等虫害。

晋中：霜霉病等病害；蚜虫、白粉虱、美洲斑潜蝇等虫害。

蒙东：霜霉病、叶斑病、角斑病、灰霉病、炭疽病、疫病、白粉病等病害；蚜虫、白粉虱等虫害。

蒙中：霜霉病、叶斑病、细菌性角斑病、灰霉病、炭疽病、疫病、白粉病等病害；蚜虫、白粉虱等虫害。

蒙西：白粉病、灰霉病、霜霉病、角斑病等病害；白粉虱、蚜虫、潜叶蝇等虫害。

(7)病虫害与气象条件的关系

冬季病害较轻，以防冻、防低温为主，但当连阴寡照，温室内温度持续低温时，灰霉病和低温生理病开始发生。春季随着气温的回升，病菌开始活跃，病害开始猖獗。

灰霉病：温度为20℃左右、阴天光照不足、空气相对湿度在90%以上、结露时间长会导致灰霉病发生蔓延。

低温生理病：成株期受害较轻时，叶片组织褪绿呈黄白色，长时间持续低温，植株往往不发根或不分化花芽；严重时部分叶肉组织坏死导致部分叶片枯死，诱发黑星病、灰霉病等病害。主要是由于长时间的低温造成植株的各种生理机能降低，如光合作用减弱、呼吸强度下降、根系对矿物质营养吸收能力降低、养分运转速度减慢、生理功能失调、生殖生长受抑制等。

角斑病：发病的适宜温度为22～24℃，空气适宜相对湿度为70%以上。在温度较低、黄瓜叶面结露时间长的情况下，发病较重。

霜霉病：该病发生必须具备相应的温度和湿度，两者缺一不可。发病最适温度为16～24℃。空气相对湿度在85%以上时，易于发病；相对湿度低于60%时，病菌不能产生孢子囊。

炭疽病：发病适温为20～27℃，空气相对湿度大于95%，叶片有露珠时利于发病。土壤黏性、排水不良、偏施氮肥、光照不足、通风不及时的发病重。在适温范围内,空气湿度越大,发病越重。

白粉病:最适宜温度为 20～25℃。温室内空气相对湿度 25% 以上即可发病,相对湿度在 45%～75% 发病最快,相对湿度超过 90% 或叶片上有水滴存在,病原菌发生发展受抑制。连续阴天、雾天、光照不足、氮肥使用过多或缺肥、温室内温度偏高等都利于黄瓜白粉病的发生与流行。

疫病:在高温高湿的条件下容易流行。病菌发育的最适温度为 28～30℃,土壤湿度大时易发病,浇水过多或水量过大,田间潮湿,发病重。

靶斑病:当温度过高、湿度过大、昼夜温差大及植株前期生长过旺时,易引发此病害。病害潜伏期为 6～7 天,遇高温高湿或通风不良环境迅速蔓延。植株衰弱时,发病重。

菌核病:病害的发生对温度条件要求不是很严格,9～35℃ 温度范围内均可发病,但以 20～25℃ 条件下发病最重。湿度和保湿时间是该病发生的重要条件,空气相对湿度在 80% 以上才能发病,而且湿度越高发病越重。保湿时间在 40 小时以上开始发病,保湿时间越长发病越严重,连续黑暗条件下发病重。

叶斑病:发病适温为 25～28℃,空气相对湿度大于 85% 时易发病,尤其生产后期发病重。

根结线虫病:发育的适宜温度为 25～30℃,幼虫在 10℃ 时停止活动,55℃ 时经 10 分钟死亡。线虫多在 0～20cm 土层内活动。线虫靠土壤、病苗、灌溉水、农事作业等传播蔓延。

白粉虱:繁殖的适温为 18～21℃,在生产温室条件下,约 1 个月完成一代。

蚜虫:繁殖最佳温度为 16～22℃。一般施化肥多,氮素含量高,疯长过嫩的植株蚜虫多。

红蜘蛛:干旱高温的环境适宜红蜘蛛的生长繁殖。生长和繁殖的最适温度为 29～31℃,空气相对湿度为 35%～55%。

潜叶蝇:属温度敏感型害虫,生长发育适温为 20～30℃。

螨虫:冬季在温室内蔬菜植株上、杂草根部或土缝中越冬,发育繁殖适温为 16～23℃,空气相对湿度为 80%～90%。

蓟马:蓟马喜欢温暖、干旱的天气,其适温为 23～28℃,适宜空气相对湿度为 40%～70%;湿度过大不能存活,当相对湿度达到 100%,温度达 31℃时,若虫全部死亡。

美洲斑潜蝇:幼虫生长适宜温度为 20～30℃,超过 30℃或低于 20℃则发育缓慢。一般出现在上午,中午前后最活跃,高温时在植株下部活动。

1.3　冬春茬黄瓜

1.3.1　播种育苗期

播种～2 叶 1 心或 3 叶 1 心。

(1)时间

冀中南:11 月中旬—翌年 1 月上旬。

冀西北:1 月上旬—2 月上旬。

冀东北:12 月中下旬。

晋　南:12 月上旬—翌年 1 月上旬。

晋东南:11 月上旬—12 月上旬。

晋　中:11 月下旬—翌年 1 月下旬。

晋　北:11 月中旬—12 月中旬。

蒙　东:12 月初—翌年 1 月初。

蒙　中:12 月下旬—翌年 2 月中旬。

蒙　西:12 月下旬—翌年 2 月上旬。

(2)适宜的气象条件

在温室进行,播种到出苗前,白天保持在 25～30℃,夜间在 16～18℃;苗出土后,温度要及时降低,白天在 20～25℃,夜间在 14～16℃,不低于 12℃。

（3）此期天气特点

冀中南：此期是一年中温度最低、光照最差的时节。旬平均气温由 11 月中旬的 3.5～6.4℃、下旬的 1.1～4.4℃、12 月上旬的－1.0～2.3℃、中旬的－2.7～0.9℃、下旬的－3.8～0.0℃，到翌年 1 月上旬的－4.9～－1.0℃；平均每天日照时数 11 月中旬 5.0～6.2 小时、下旬 4.1～5.7 小时、12 月上旬 4.6～5.9 小时、中旬 4.3～5.9 小时、下旬 4.3～5.8 小时、1 月上旬 4.0～5.9 小时。

冀西北：旬平均气温由 1 月上旬的－10.8～－7.0℃、中旬的－11.1～－7.4℃、下旬的－10.5～－6.7℃，到 2 月上旬的－12.4～－5.1℃；平均每天日照时数在 5.8～7.5 小时之间变化。

冀东北：旬平均气温 12 月中旬－9.3～－1.9℃、下旬－10.0～－3.0℃；平均每天日照时数在 5.0～6.9 小时之间变化。

晋南：旬平均气温由 12 月上旬的 0.1～2.8℃、12 月中旬的－1.5～1.5℃、12 月下旬的－2.5～0.5℃，到翌年 1 月上旬的－2.8～0.1℃；平均每天日照时数由 12 月上旬的 4.9～5.6 小时、12 月中旬的 4.5～5.3 小时、12 月下旬的 5.0～5.9 小时，到翌年 1 月上旬的 4.5～5.3 小时。

晋东南：11 月月平均气温为 1.9～5.6℃，12 月上旬旬平均气温为－3.0～1.0℃；平均每天日照时数由 11 月的 5.6～6.8 小时，到 12 月上旬的 5.2～6.4 小时。

晋中：月平均气温由 11 月的－0.9～4.8℃、12 月的－7.4～－1.1℃，到翌年 1 月的－9.5～－3.2℃；平均每天日照时数由 11 月下旬的 5.5～6.9 小时、12 月的 5.1～6.8 小时，到 1 月的 5.2～6.9 小时。

晋北：旬平均气温 11 月中旬－4.8～1.1℃、11 月下旬－7.3～－1.4℃、12 月上旬－10.0～－3.7℃、12 月中旬－12.1～－5.3℃；平均每天日照时数 11 月中旬 5.7～7.1 小时、11 月下旬 5.1～7.2 小时、12 月上旬 5.0～6.7 小时、12 月中旬 5.0～6.7 小时。

蒙东：旬平均气温 12 月上旬－9.6～－6.4℃、12 月中旬－10.9～－8.3℃、12 月下旬－11.8～－8.9℃、翌年 1 月上旬－13.2～－10.7℃；平均每天日照时数 12 月上旬 6.2～6.7 小时、12

月中旬 6.2～6.9 小时、12 月下旬 6.0～6.6 小时、翌年 1 月上旬 6.1～6.9 小时。

蒙中：旬平均气温 12 月下旬－14.1～－10.2℃、翌年 1 月上旬－15.2～－11.1℃、1 月中旬－15.6～－11.4 ℃、1 月下旬－15.2～－11.8℃、2 月中旬－10.5～－5.2℃；期间平均每天日照时数在 6.0～7.0 小时之间变化。

蒙西：河套灌区旬平均气温由 12 月下旬的－10.2～－7.1℃、翌年 1 月上旬的－10.8～－7.0℃、1 月中旬的－11.2～－7.8℃、1 月下旬的－10.8～－8.1℃，到 2 月上旬的－8.8～－5.8℃；期间平均每天日照时数在 6.0～7.9 小时之间变化。

（4）主要灾害

冀中南：强降雪、低温冷冻害、连阴寡照、低温寡照、大风等。

冀西北：低温冷冻害、强降雪、大风等。

冀东北：低温冷冻害、强降雪、低温寡照、大风等。

晋　南：低温寡照、大风、强降温、低温冷冻害等。

晋东南：低温冷冻害、低温寡照、大风、强降雪等。

晋　中：低温寡照、大风、低温冷冻害、强降雪等。

晋　北：低温冷冻害、强降雪、大风等。

蒙　东：低温冷冻害、低温寡照、强降雪、大风等。

蒙　中：低温冷冻害、低温寡照、强降雪、大风等。

蒙　西：低温冷冻害、强降雪、大风等。

（5）管理注意事项

加强防冻保暖措施，增加无纺布，双层或多层草苫覆盖等。最好应用电热温床育苗，或温室内加扣小拱棚。适时揭放草苫，特别是遇到阴天时，只要温室内温度允许，一定要揭开草苫；及时清扫积雪；压紧棚膜。

（6）主要病虫害

冀中南：低温障碍病、灰霉病、黑星病、猝倒病等病害。

冀西北：猝倒病、根枯病等病害；蚜虫、红蜘蛛、潜叶蝇、白粉虱等虫害。

冀东北:灰霉病、黑星病等病害。

晋南:霜霉病、角斑病等病害;白粉虱、蚜虫、螨虫、蓟马等虫害。

晋东南:猝倒病等病害;白粉虱等虫害。

晋中:霜霉病、白粉病等病害。

晋北:猝倒病等病害。

蒙东:猝倒病、立枯病等病害。

蒙中:猝倒病、立枯病等病害。

蒙西:猝倒病、立枯病等病害。

(7)病虫害与气象条件的关系

低温障碍病:黄瓜耐寒力弱,10℃以下就会受害,低于3～5℃生理机能出现障碍,造成伤害。

灰霉病:温度在20℃左右、阴天光照不足、空气相对湿度在90%以上、结露时间长会导致灰霉病发生蔓延。

黑星病:该病属于低温、耐弱光、高湿病害。温室内最低温度超过10℃,空气相对湿度高于90%,温室顶及植株叶面结露,是该病发生和流行的重要条件。在15～25℃范围内,低温、高湿交替的环境,病害发生非常严重。15～20℃为最佳侵染温度。

猝倒病:影响该病发生的主要因素是土壤温度、湿度、光照和管理水平。苗床浇水过多、湿度过大、土壤温度在15℃以下、阴雨天气多、光照不足、播种过密、间苗移苗不及时、施用带菌肥料、长期使用同一苗床土壤等都会诱使病害发生或加重。该病主要在幼苗长出1～2片真叶时发生,3片真叶后,发病较少。当连阴骤晴时容易发生猝倒病。

霜霉病:该病发生必须具备相应的温度和湿度,两者缺一不可。发病最适温度为16～24℃。空气相对湿度在85%以上时,易于发病;相对湿度低于60%时,病菌不能产生孢子囊。

角斑病:发病的适宜温度为22～24℃,适宜空气相对湿度为70%以上。在温度较低、黄瓜叶面结露时间长的情况下,发病较重。

白粉病:最适宜温度为20～25℃。温室内空气相对湿度25%以上即可发病,相对湿度在45%～75%发病最快,相对湿度超过90%

或叶片上有水滴存在,病原菌发生发展受抑制。连续阴天、雾天、光照不足、氮肥使用过多或缺肥、温室内温度偏高等都利于黄瓜白粉病的发生与流行。

立枯病:立枯丝核菌适温 17～28℃,在 12℃ 以下或 30℃ 以上受限制。

蚜虫:繁殖最佳温度为 16～22℃。一般施化肥多,氮素含量高,疯长过嫩的植株蚜虫多。

红蜘蛛:干旱高温的环境适宜红蜘蛛的生长繁殖。生长和繁殖的最适温度为 29～31℃,空气相对湿度为 35%～55%。

潜叶蝇:属温度敏感型害虫,生长发育适温为 20～30℃。

白粉虱:繁殖的适温为 18～21℃,在温室条件下,约 1 个月完成一代。

螨虫:冬季在温室内蔬菜植株上、杂草根部或土缝中越冬,发育繁殖适温为 16～23℃,空气相对湿度为 80%～90%。

蓟马:蓟马喜欢温暖、干旱的天气,其适温为 23～28℃,适宜空气相对湿度为 40%～70%;湿度过大不能存活,当相对湿度达到 100%,温度达 31℃时,若虫全部死亡。

美洲斑潜蝇:幼虫生长适宜温度为 20～30℃,超过 30℃ 或低于 20℃ 则发育缓慢。一般出现在上午,中午前后最活跃,高温时在植株下部活动。

1.3.2　定植期

(1)时间

　　　　　冀中南:1 月中下旬—2 月初。

　　　　　冀西北:2 月中旬—3 月上旬。

　　　　　冀东北:2 月上中旬。

　　　　　晋　南:1 月中旬—2 月上中旬。

　　　　　晋东南:12 月中旬—翌年 1 月上旬。

　　　　　晋　中:2 月中下旬。

　　　　　晋　北:1 月中旬—2 月上旬。

蒙　东:1月末—2月初。

蒙　中:2月下旬。

蒙　西:2月中旬。

(2)适宜的气象条件

日光温室冬春茬黄瓜定植时要求温室内温度稳定在12℃以上,地温最低不能低于12～14℃。定植后白天争取室温28～30℃,夜间18℃左右。缓苗后白天室温要求在25～30℃,夜间13～15℃,保持昼夜温差在10～13℃。白天室温超过35℃,可以小放风。定植后最好有3～5个晴天。定植缓苗期内,温度要高达35～37℃,缓苗后温度要低至28～35℃,浇足缓苗水。此期间管理的主攻方向是促进根系的发育和雌花的分化。如果夜温15℃,短日照(8小时)处理,能促进雌花分化。

(3)此期天气特点

冀中南:旬平均气温由1月中旬的−5.2～−1.3℃、1月下旬的−4.1～−0.5℃,到2月上旬的−2.6～1.1℃;平均每天日照时数分别为1月中旬4.4～6.1小时、1月下旬5.2～7.0小时、2月上旬5.5～7.2小时。

冀西北:旬平均气温由2月中旬的−9.4～−2.8℃、下旬的−8.2～−1.7℃,到3月上旬的−5.5～0.8℃;平均每天日照时数6.6～8.2小时。

冀东北:旬平均气温2月上旬−8.5～−2.7℃、中旬−6.1～−0.9℃;平均每天日照时数6.0～7.6小时。

晋南:旬平均气温由1月中旬的−3.0～−0.4℃、下旬的−3.0～−0.1℃、2月上旬的−0.9～1.7℃,到2月中旬的1.3～4.0℃;期间平均每天日照时数由1月中旬的4.6～5.3小时、下旬的5.1～5.9小时、2月上旬5.1～5.9小时,到中旬的4.6～5.3小时。

晋东南:旬平均气温分别为12月中旬−4.7～−0.3℃、12月下旬−5.8～−1.3℃、翌年1月上旬−6.2～−2.0℃;平均每天日照时数分别为12月中旬5.1～6.3小时、12月下旬5.7～7.0小时、翌年 1 月上旬 5.2～6.4 小时。

晋中：旬平均气温 2 月中旬 −4.6～0.1℃、下旬 −3.2～1.3℃；平均每天日照时数 2 月中旬 5.3～6.8 小时、2 月下旬 4.6～5.6 小时。

晋北：旬平均气温 1 月中旬 −14.7～−7.4℃、1 月下旬 −14.4～−6.5℃、2 月上旬 −12.5～−4.5℃；平均每天日照时数 1 月中旬 5.1～6.8 小时、1 月下旬 6.2～7.9 小时、2 月上旬 6.0～7.5 小时。

蒙东：旬平均气温 1 月下旬 −12.5～−9.9℃、2 月上旬 −10.8～−8.4℃；平均每天日照时数为 7.1～8.2 小时。

蒙中：2 月下旬旬平均气温 −9.4～−3.6℃；平均每天日照时数为 7.4～7.9 小时。

蒙西：河套灌区 2 月中旬旬平均气温 −5.6～−3.1℃；平均每天日照时数为 7.2～7.7 小时。

（4）主要灾害

冀中南：低温冷冻害、强降雪、低温寡照、大风等。

冀西北：低温冷冻害、大风、强降雪等。

冀东北：低温寡照、低温冷冻害、强降雪、大风等。

晋　南：低温冷冻害、强降雪、低温寡照、大风等。

晋东南：低温冷冻害、强降雪、低温寡照、大风等。

晋　中：低温冷冻害、强降雪、低温寡照、大风等。

晋　北：低温冷冻害、强降雪、大风等。

蒙　东：低温冷冻害、强降雪、大风、低温寡照等。

蒙　中：低温冷冻害、强降雪、大风、低温寡照等。

蒙　西：低温冷冻害、强降雪、大风等。

（5）管理注意事项

此期间温度比较低，温室病害相对较少，预防冻害为管理关键。增强防冻保暖措施；晴天上午浇水，浇水后注意排湿防病；压紧棚膜及覆盖物；及时清扫棚膜上的积雪。

（6）主要病虫害

冀中南：角斑病等病害。

冀西北：霜霉病、疫病、灰霉病等病害；蚜虫、红蜘蛛、潜叶蝇、白粉虱等虫害。

冀东北：青枯病、霜霉病等病害。

晋南：霜霉病、角斑病等病害；白粉虱、蚜虫、螨虫、蓟马等虫害。

晋东南：霜霉病、灰霉病等病害；白粉虱等虫害。

晋中：霜霉病、白粉病等病害。

晋北：霜霉病、角斑病等病害。

蒙东：白粉病等病害。

蒙中：白粉病、猝倒病、立枯病等病害。

蒙西：立枯病、沤根等病害。

（7）病虫害与气象条件的关系

角斑病：发病的适宜温度为 22～24℃，适宜空气相对湿度为70%以上。在温度较低、黄瓜叶面结露时间长的情况下，发病较重。

霜霉病：该病发生必须具备相应的温度和湿度，两者缺一不可。发病最适温度为 16～24℃。空气相对湿度在 85% 以上时，易于发病；相对湿度低于 60% 时，病菌不能产生孢子囊。

疫病：在高温高湿的条件下容易流行。病菌发育的最适温度为28～30℃，土壤湿度大时易发病，浇水过多或水量过大，田间潮湿，发病重。

灰霉病：温度为 20℃左右、阴天光照不足、空气相对湿度在 90%以上、结露时间长会导致灰霉病发生蔓延。

白粉病：最适宜温度为 20～25℃。温室内空气相对湿度在 25%以上即可发病，相对湿度在 45%～75% 发病最快，相对湿度超过90%或叶片上有水滴存在，病原菌发生发展受抑制。连续阴天、雾天、光照不足、氮肥使用过多或缺肥、温室内温度偏高等都利于黄瓜白粉病的发生与流行。

立枯病：立枯丝核菌适温为 17～28℃，在 12℃以下或 30℃以上受抑制。在苗床温度较高和空气不流通，幼苗发黄时，易发生立枯病。

蚜虫：繁殖最佳温度为 16～22℃。一般施化肥多，氮素含量高，疯长过嫩的植株蚜虫多。

红蜘蛛：干旱高温的环境适宜红蜘蛛的生长繁殖。生长和繁殖的最适温度为 29～31℃，空气相对湿度为 35%～55%。

潜叶蝇：属温度敏感型害虫，生长发育适温为 20～30℃。

白粉虱：繁殖的适温为 18～21℃，在温室条件下，约 1 个月完成一代。

螨虫：冬季在温室内蔬菜植株上、杂草根部或土缝中越冬，发育繁殖适温为 16～23℃，空气相对湿度为 80%～90%。

蓟马：蓟马喜欢温暖、干旱的天气，其适温为 23～28℃，适宜空气相对湿度为 40%～70%；湿度过大不能存活，当相对湿度达到 100%，温度达 31℃时，若虫全部死亡。

美洲斑潜蝇：幼虫生长适宜温度为 20～30℃，超过 30℃或低于 20℃则发育缓慢。一般出现在上午，中午前后最活跃，高温时在植株下部活动。

1.3.3 花果期

（1）时间

冀中南：2月—6月上中旬。

冀西北：3月中旬—5月。

冀东北：3—6月。

晋　南：2月下旬—6月。

晋东南：2—7月。

晋　中：3月上旬—7月上旬。

晋　北：2月中旬—4月下旬。

蒙　东：2月下旬—6月。

蒙　中：3月中旬—6月下旬。

蒙　西：3月中旬—6月中旬。

（2）适宜的气象条件

结瓜盛期室内温度应控制在25～30℃,超过30℃开始放风,避免出现高温危害,夜间14～15℃,阴雨天室温应比晴天低2～3℃。

（3）此期天气特点

冀中南:气温逐渐升高,月平均气温由2月的－1.1～0.9℃、3月的5.5～8.5℃、4月的13.8～16.1℃、5月的19.6～21.7℃,到6月的24.2～26.4℃;平均每天日照时数2月5.3～7.0小时、3月6.1～7.7小时、4月7.4～8.7小时、5月7.5～9.1小时、6月7.1～8.9小时。

冀西北:月平均气温3月－2.4～3.4℃、4月6.3～12.1℃、5月13.2～18.9℃;平均每天日照时数由3月中旬的7.3～7.8小时,到5月的8.6～9.5小时。

冀东北:月平均气温3月1.0～5.5℃、4月10.1～13.9℃、5月16.4～19.8℃、6月20.5～24.1℃;平均每天日照时数由3月的7.0～8.2小时,到6月的7.3～8.6小时。

晋南:从2月到6月,月平均气温分别为2月0.8～3.5℃、3月6.4～9.0℃、4月13.6～15.9℃、5月19.0～21.3℃、6月23.0～26.0℃;平均每天日照时数2月4.5～5.3小时、3月5.4～6.1小时、4月6.5～7.3小时、5月7.2～8.0小时、6月6.7～7.8小时。

晋东南:从2月到7月,月平均气温分别为2月－2.5～0.9℃、3月2.6～6.4℃、4月9.9～13.7℃、5月15.4～18.9℃、6月19.2～23.0℃、7月20.9～24.6℃;平均每天日照时数2月5.2～6.2小时、3月6.0～7.3小时、4月7.2～8.6小时、5月7.8～9.4小时、6月7.0～8.6小时、7月6.2～8.1小时。

晋中:从3月到7月上旬,3月月平均气温为1.2～5.6℃、4月月平均气温为8.8～13.3℃、5月月平均气温为14.3～19.3℃、6月月平均气温为18.2～23.4℃、7月上旬旬平均气温为19.7～24.9℃;平均每天日照时数3月6.2～7.6小时、4月7.3～8.4小时、5月8.0～9.3小时、6月7.2～8.6小时、7月上旬6.5～8.1小时。

晋北:月平均气温 2 月 -9.6～-2.6℃、3 月 -2.1～4.0℃、4 月 6.4～12.2℃;平均每天日照时数 2 月 5.6～7.0 小时、3 月 6.7～8.4 小时、4 月 7.6～9.1 小时。

蒙东:2 月下旬旬平均气温为 -7.9～-5.0℃,3—6 月月平均气温分别为 3 月 -2.3～0.3℃、4 月 7.9～10.0℃、5 月 15.4～16.9℃、6 月 20.4～21.6℃;平均每天日照时数 2 月下旬 7.8～8.5 小时、3 月 7.9～8.7 小时、4 月 8.4～8.7 小时、5 月 8.6～9.2 小时、6 月 8.5～9.0 小时。

蒙中:从 3 月到 6 月,月平均气温分别为 3 月 -4.3～1.4℃、4 月 4.8～10.3℃、5 月 12.1～17.2℃、6 月 17.2～21.8℃;平均每天日照时数 3 月 7.8～8.3 小时、4 月 8.9～9.2 小时、5 月 9.4～9.5 小时、6 月 9.3～9.6 小时。

蒙西:河套灌区从 3 月到 6 月,月平均气温分别为 3 月 0.9～2.6℃、4 月 9.5～10.7℃、5 月 16.6～17.8℃、6 月 21.5～22.7℃;平均每天日照时数 3 月 7.9～8.7 小时、4 月 8.9～9.6 小时、5 月为 9.7～10.4 小时、6 月 9.8～10.6 小时。

(4)主要灾害

冀中南:低温寡照、低温冷冻害、大风、强降雪、连阴寡照、高温高湿等。

冀西北:低温冷冻害、大风等。

冀东北:连阴寡照、低温冷冻害、大风等。

晋　南:大风、低温冷冻害、连阴寡照、高温高湿等。

晋东南:低温寡照、低温冷冻害、大风、强降雪、连阴寡照、高温高湿等。

晋　中:低温冷冻害、强降雪、大风、低温寡照、连阴寡照等。

晋　北:低温冷冻害、强降雪、大风等。

蒙　东:低温冷冻害、强降雪、大风、高温高湿等。

蒙　中:低温冷冻害、大风、高温高湿等。

蒙　西:低温冷冻害、大风、高温高湿等。

（5）管理注意事项

连阴寡照时,在满足作物生长所需温度下限的情况下,尽可能让其多见光;勿使温室内湿度、温度太高;连阴天或浇水后室内湿度大,注意用烟剂防病;早春注意防寒;注意防风。

（6）主要病虫害

冀中南:霜霉病、炭疽病、角斑病、白粉病等病害;烟粉虱、白粉虱、蚜虫、红蜘蛛等虫害。

冀西北:霜霉病、疫病、灰霉病等病害;蚜虫、红蜘蛛、潜叶蝇、白粉虱等虫害。

冀东北:霜霉病、炭疽病等病害。

晋南:霜霉病、角斑病、靶斑病、灰霉病等病害;白粉虱、蚜虫、螨虫、蓟马等虫害。

晋东南:白粉虱等虫害;霜霉病、灰霉病等病害。

晋中:灰霉病、角斑病、蔓枯病等病害;蚜虫、白粉虱等虫害。

晋北:霜霉病、角斑病等病害。

蒙东:霜霉病、叶斑病、角斑病、灰霉病、炭疽病、疫病、白粉病等病害;蚜虫、白粉虱、潜叶蝇等虫害。

蒙中:菌核病、霜霉病等病害。

蒙西:灰霉病、霜霉病、角斑病等病害;潜叶蝇等虫害。

（7）病虫害与气象条件的关系

霜霉病:该病发生必须具备相应的温度和湿度,两者缺一不可。发病最适温度为 16～24℃。空气相对湿度在 85% 以上时,易于发病;相对湿度低于 60% 时,病菌不能产生孢子囊。

炭疽病:发病适温为 20～27℃,空气相对湿度大于 95%,叶片有露珠时利于发病。土壤黏性、排水不良、偏施氮肥、光照不足、通风不及时的发病重。在适温范围内,空气湿度越大,发病越重。

角斑病:发病的适宜温度为 22～24℃,适宜空气相对湿度为 70% 以上。在温度较低、黄瓜叶面结露时间长的情况下,发病较重。

白粉病:最适宜温度为 20～25℃。温室内空气相对湿度 25% 以上即可发病,相对湿度在 45%～75% 发病最快,相对湿度超过 90%

或叶片上有水滴存在,病原菌发生发展受抑制。连续阴天、雾天、光照不足、氮肥使用过多或缺肥、温室内温度偏高等都利于黄瓜白粉病的发生与流行。

疫病:在高温高湿的条件下容易流行。病菌发育的最适温度为28~30℃,土壤湿度大时易发病,浇水过多或水量过大,田间潮湿,发病重。

灰霉病:温度在20℃左右、阴天光照不足、空气相对湿度在90%以上、结露时间长会导致灰霉病发生蔓延。

潜叶蝇:属温度敏感型害虫,生长发育适温为20~30℃。

靶斑病:当温度过高、湿度过大、昼夜温差大及植株前期生长过旺时,易引发此病害。病害潜伏期为6~7天,遇高温高湿或通风不良环境迅速蔓延。植株衰弱时,发病重。

蔓枯病:发病适宜温度在18~25℃,空气相对湿度在85%以上。连阴天、夜间露水大、大水漫灌、土壤水分高时利于该病的发生。

叶斑病:发病适温为25~28℃,空气相对湿度大于85%时易发病,尤其生产后期发病重。

菌核病:病害的发生对温度条件要求不很严格,9~35℃温度范围内均可发病,但以20~25℃条件下发病最重。湿度和保湿时间是该病发生的重要条件,空气相对湿度在80%以上才能发病,而且湿度越高发病越重。保湿时间在40小时以上开始发病,保湿时间越长发病越严重,连续黑暗条件下发病重。

烟粉虱:当温度比较高,干燥少雨时烟粉虱发生数量较高,适宜温度为27~33℃。低温和高温对烟粉虱的发育和存活均有抑制作用。烟粉虱卵及各龄期若虫在空气相对湿度75%下存活率最高。

白粉虱:繁殖的适温为18~21℃,在温室条件下,约1个月完成一代。

蚜虫:繁殖最佳温度为16~22℃。一般施化肥多,氮素含量高,疯长过嫩的植株蚜虫多。

红蜘蛛:干旱高温的环境适宜红蜘蛛的生长繁殖。生长和繁殖的最适温度为29~31℃,空气相对湿度为35%~55%。

螨虫：冬季在温室内蔬菜植株上、杂草根部或土缝中越冬，发育繁殖适温为 16～23℃，空气相对湿度为 80%～90%。

　　蓟马：蓟马喜欢温暖、干旱的天气，其适温为 23～28℃，适宜空气相对湿度为 40%～70%；湿度过大不能存活，当相对湿度达到 100%，温度达 31℃时，若虫全部死亡。

　　美洲斑潜蝇：幼虫生长适宜温度为 20～30℃，超过 30℃或低于 20℃则发育缓慢。一般出现在上午，中午前后最活跃，高温时在植株下部活动。

参考文献

白河清.2011.黄瓜红蜘蛛的防治[OL].[2011-11-09].http://wenku.baidu.com/view/ace3180c763231126edb1134.html.

陈志杰,张锋,张淑莲,等.2009.陕西温室黄瓜根腐病及流行因素研究[J].中国生态农业学报,**17**(4):699-703.

陈志杰,张淑莲,梁银丽,等.2004.温室黄瓜斑潜蝇的发生及其控制[J].植物保护学报,**31**(4):433-434.

戴勇,黄巧云,常秋红,等.2013.黄瓜主要病虫害防治技术[J].上海农业科技,(5):74-75.

戴佩宏,吴赛,赵满,等.2008.黄瓜蔓枯病的发生与防治[J].河北农业科技,(18):28.

丁跃林,张莉.2001.温室蔬菜茶黄螨的发生与防治[J].河北农业科技,(2):19.

高中奎.2012.秋冬茬黄瓜日光温室栽培技术[J].黑龙江农业科学,(3):161-162.

河北省清河县农业局.2012.黄瓜疫病的识别及防治措施[OL].[2012-02-10].http://www.farmers.org.cn/Article/ShowArticle.asp?ArticleID=153889.

贾利元,郭秀英.2013.水果黄瓜日光温室秋冬茬高效栽培技术[J].北方园艺,(6):45-46.

康忠华.2012.日光温室越冬茬黄瓜栽培技术[J].种子世界,(9):39-41.

刘青,吉泽浩.2012.日光温室黄瓜蓟马的发生与防治[J].农业技术与装备,(22):31-32.

刘彩虹.2013.日光温室春茬黄瓜栽培关键技术[J].农业科技通讯,(4):

264-265.

李荣刚,李春宁,胡木强,等.2004.河北设施农业技术模式 1000 例[M].石家庄:河北科学技术出版社.

李凯琴,李永宏,张花.2013.日光温室越冬茬黄瓜高产栽培技术[J].中国农业信息,(5):80.

马健.2006.利用硫磺蒸发器防治温室黄瓜白粉病[J].新农业,(6):22.

马占元.1997.日光温室实用技术大全[M].石家庄:河北科学技术出版社.

聂洪光,彭殿林.2012.黄瓜病害特点及防治[J].农业科技与装备,(12):14-15.

欧阳文.2013.日光温室冬春茬黄瓜高产栽培技术[J].中国园艺文摘,(5):175 转 228.

世界农化网.2014.温室白粉虱[OL].[2014-02-07].http://cn.agropages.com/Bcc/Bdetail-980.htm.

田淑慧.2011.黄瓜立枯病的发生与防治进展[J].中国果菜,(2):29-31.

武志勇.2013.日光温室秋冬茬黄瓜生产技术[J].新农业,(2):27-28.

王秀峰,刘霄.2011.棚室黄瓜主要害虫的发生与防治[J].上海蔬菜,(6):55-56.

王志贵.2009.棚室黄瓜生理性病害的成因及防治措施[J].中国科技信息,(3):83-84.

向玉勇,郭晓军,张帆等.2007.温度和湿度对北京地区 B 型烟粉虱个体发育和种群繁殖的影响[J].华北农学报,**22**(5):152-156.

谢以忠,贾良荣,王龙生.2012.对黄瓜猝倒病防治技术的分析与研究[J].安徽农学通报,**18**(4):49.

臧俊岭,张新波,闫伟,等.2004.温室黄瓜霜霉病发生的适宜气象条件及防治[J].河南气象,(4):31.

张雅洁.2000.黄瓜低温障碍及防治[J].吉林农业,(11):15.

张杰.2012.黄瓜病害的发生诱因及防治技术[J].现代农业,(1):29.

张红宇,王秀梅,徐艳丽.2013.日光温室油白菜-黄瓜 1 年 2 茬高效绿色栽培模式[J].中国园艺文摘,(7):162-163.

朱建兰.2001.黄瓜菌核病发病因素的研究[J].甘肃农业大学学报,**36**(2):172-175.

赵鸿,王润元,邓振镛,等.2005.黄土高原半干旱区日光温室黄瓜霜霉病发生发展的气象条件分析[J].干旱气象,**23**(3):65-68.

中国农业病虫检测网.黄瓜叶斑病[OL].[2012-09-06]http://www.bc000.com/te...asp? ID=1281.

中国江西创业网. 2006. 菜青虫的生活习性及防治技术［OL］.［2006-06-19］.
　　http://www.jxgdw.com/jxgd/jxcy/qmcy/nmcy/sytj/userobject1ai651789.html.
眘芳菊,王玉霞. 2011. 黄瓜生理性病害及其防治措施［J］. 现代农业科技,(3):
　　188-189.

第 **2** 章

日光温室番茄气象服务基础

2.1 秋冬茬番茄

2.1.1 播种育苗期

从播种到 5～7 片真叶。

（1）时间

冀中南：一般在 7 月份。

冀西北：7 月中旬—8 月中旬。

冀东北：7 月中下旬。

晋　南：7 月上旬—8 月上旬。

晋东南：9 月上旬—10 月上旬。

晋　中：8 月上旬—9 月上旬。

晋　北：6 月下旬—7 月上旬。

蒙　东：8 月上旬。

蒙　中：6 月上旬—7 月中旬。

蒙　西：6 月中旬—7 月上旬。

（2）适宜的气象条件

出苗前，为了促进出苗，气温以 25～28℃，床土温度以 15～20℃ 为宜。出苗后保持充足的光照，降低温度，白天保持在 25℃ 左右，夜间 15～18℃。幼苗 2 叶 1 心时分苗，分苗后气温适当提高，白天 25～28℃，夜间 17～18℃，当幼苗生长点开始生长时，说明已缓苗，此时降低温度，白天 20～26℃，夜间 12～13℃。

（3）此期天气特点

冀中南：温度较高，降水较多。7 月月平均气温为 26.2～27.4℃；平均每天日照时数为 5.8～7.8 小时。

冀西北：旬平均气温由 7 月中旬的 19.7～24.8℃、下旬的 20.1～25.1℃、8 月上旬的 19.2～24.2℃，到 8 月中旬的 18.0～23.3℃；平均每天日照时数为 7.0～8.9 小时。

冀东北：旬平均气温 7 月中旬 22.3～26.0℃、下旬 22.8～26.5℃；平均每天日照时数为 5.4～7.5 小时。

晋南：旬平均气温 7 月上旬 24.6～27.1℃、7 月中旬 24.7～27.4℃、7 月下旬 25.2～28.0℃、8 月上旬 24.9～27.6℃；平均每天日照时数 7 月上旬 5.5～7.2 小时、7 月中旬 5.3～7.6 小时、7 月下旬 5.9～8.9 小时、8 月上旬 5.2～7.7 小时。

晋东南：平均气温由 9 月的 15.0～18.4℃，到 10 月上旬的 11.4～14.6℃；平均每天日照时数 9 月 5.3～6.6 小时、10 月上旬 5.6～6.8 小时。

晋中：8 月月平均气温为 18.4～22.6℃、9 月上旬旬平均气温为 15.2～19.9℃；平均每天日照时数 8 月 6.3～7.4 小时、9 月上旬 5.7～7.1 小时。

晋北：旬平均气温 6 月下旬 18.8～24.0℃、7 月上旬 19.5～24.7℃；平均每天日照时数为 6 月下旬 7.3～9.3 小时、7 月上旬 7.3～9.3 小时。

蒙东：8 月上旬旬平均气温 22.4～23.9℃；平均每天日照时数为 8.0～8.3 小时。

蒙中：旬平均气温由 6 月上旬的 16.3～20.9℃、6 月中旬的 17.0～21.8℃、6 月下旬的 18.1～22.8℃，到 7 月中旬的 19.5～23.9℃；期间平均每天日照时数为 9.0～9.7 小时。

蒙西：河套灌区旬平均气温由 6 月中旬的 21.5～22.4℃、6 月下旬的 22.6～23.8℃，到 7 月上旬的 22.7～23.5℃；期间平均每天日照时数在 9.9～10.8 小时之间变化。

（4）主要灾害

冀中南：光照强度过大、高温高湿、雨涝、连阴寡照、大风等。

冀西北：风雹、洪涝、大风等。

冀东北：高温闷热、连阴寡照、雨涝等。

晋　　南：光照强度过大、高温高湿、雨涝、连阴寡照、大风等。

晋东南：高温高湿、大风、连阴寡照、低温等。

晋　　中：光照强度过大、高温高湿、雨涝、连阴寡照、大风等。

晋　　北：高温高湿、风雹、大风、洪涝等。

蒙　　东：风雹、大风、洪涝等。

蒙　　中：风雹、大风、洪涝等。

蒙　　西：风雹、大风等。

（5）管理注意事项

做好"六防"，即防强光、防雨淋、防干旱、防高温、防蚜虫、防伤根。

（6）主要病虫害

冀中南：病毒病、猝倒病、立枯病等病害；烟粉虱、白粉虱、红蜘蛛、蚜虫等虫害。

冀西北：病害较少，易发生蚜虫、白粉虱等虫害。

冀东北：病毒病等病害；白粉虱等虫害。

晋南：病毒病等病害；白粉虱等虫害。

晋东南：猝倒病等病害。

晋中：早疫病、病毒病等病害。

晋北：病毒病等病害。

蒙东：猝倒病、立枯病等病害。

蒙中：立枯病等病害。

蒙西：立枝病等病害。

（7）病虫害与气象条件的关系

病毒病：高温干旱易发生病毒病。

猝倒病：番茄苗期遇到低温高湿、寡照或低于 10℃ 气温的天气时易发生猝倒病。

立枯病:立枯病的病原菌是立枯丝核菌,其生长适宜温度在 17～28℃,当温度在 12℃ 以下或 30℃ 以上时生长会受到抑制。诱发立枯病主要因素是温室内的高湿环境。

早疫病:高温、高湿、田间结露利于发病。发病多从植株下部老叶开始,逐渐向上发展。昼夜温差大、连续阴雨、通风排水不良、植株生长衰败等,是该病发生、流行的主要原因。病菌发育适宜温度为26～28℃。

烟粉虱:在干热的天气条件下易暴发,在 25℃ 条件下,从卵发育到成虫需要 18～30 天。

白粉虱:发育的起点温度为 7.2℃,成虫最适温度为 25～30℃,温度高于 40.5℃ 成虫活动能力下降。

红蜘蛛:干旱高温的环境适宜红蜘蛛的生长繁殖。生长和繁殖的最适温度为 29～31℃,空气相对湿度为 35%～55%。

蚜虫:繁殖最佳温度为 16～22℃。一般施化肥多,氮素含量高,疯长、过嫩的植株蚜虫多。

2.1.2　定植期

(1)时间

　　　　冀中南:8—9 月。

　　　　冀西北:8 月下旬—9 月中旬。

　　　　冀东北:9 月上旬。

　　　　晋　南:8 月中旬—9 月上旬。

　　　　晋东南:10 月中旬—11 月上旬。

　　　　晋　中:9 月中旬—10 月上旬。

　　　　晋　北:7 月中旬—8 月下旬。

　　　　蒙　东:9 月上旬。

　　　　蒙　中:7 月下旬。

　　　　蒙　西:7 月下旬。

(2)适宜的气象条件

一般白天气温在 25～28℃,最高不超过 30℃,夜间气温控制在

15～17℃,不低于8℃。温室内空气相对湿度保持在50％～60％为最佳。缓苗期间白天气温控制在28～30℃,夜间18～20℃。缓苗后,白天气温控制在26℃左右,夜间15℃左右。

(3)此期天气特点

冀中南:月平均气温8月24.7～26.0℃,9月19.6～21.5℃;平均每天日照时数8月为5.8～7.8小时,9月为5.9～7.7小时。

冀西北:旬平均气温由8月下旬的16.5～22.0℃、9月上旬的14.3～20.0℃,到9月中旬的12.2～17.9℃;平均每天日照时数为7.5～8.8小时。

冀东北:9月上旬旬平均气温17.5～22.5℃,平均每天日照时数6.8～8.5小时。

晋南:旬平均气温由8月中旬的23.0～25.7℃、下旬的22.1～24.6℃,到9月上旬的20.6～23.0℃;平均每天日照时数8月中旬5.2～6.8小时、下旬5.9～7.4小时、9月上旬5.0～6.1小时。

晋东南:旬平均气温由10月中旬的9.3～12.6℃、10月下旬的7.1～10.5℃,到11月上旬的4.7～8.4℃;平均每天日照时数由10月中旬的5.1～6.2小时、10月下旬的6.7～8.0小时,到11月上旬的5.8～7.1小时。

晋中:旬平均气温9月中旬13.3～18.1℃、9月下旬11.3～16.2℃、10月上旬9.5～14.5℃;平均每天日照时数9月中旬5.4～7.2小时、9月下旬5.6～7.3小时、10月上旬5.7～7.2小时。

晋北:旬平均气温7月中旬19.7～24.9℃、7月下旬19.8～25.0℃、8月上旬19.1～24.1℃、8月中旬17.6～22.4℃、8月下旬16.3～21.3℃;平均每天日照时数7月中旬7.2～9.0小时、7月下旬7.1～9.5小时、8月上旬6.6～8.4小时、8月中旬6.7～8.4小时、8月下旬7.4～9.6小时。

蒙东:9月上旬旬平均气温17.2～19.0℃;平均每天日照时数为7.9～8.8小时。

蒙中:7月下旬旬平均气温19.4～23.6℃;平均每天日照时数8.0～8.4小时。

蒙西:河套灌区 7 月下旬旬平均气温 23.6～24.7℃;平均每天日照时数 9.4～9.9 小时。

　　(4)主要灾害

　　冀中南:光照强度过大、高温高湿、雨涝、连阴寡照、大风等。

　　冀西北:风雹、洪涝、大风等。

　　冀东北:连阴寡照、大风等。

　　晋　　南:光照强度过大、高温高湿、雨涝、连阴寡照、大风等。

　　晋东南:连阴寡照、大风、低温寡照等。

　　晋　　中:高温高湿、连阴寡照、大风等。

　　晋　　北:风雹、大风、洪涝、连阴雨等。

　　蒙　　东:大风、高温高湿、低温寡照等。

　　蒙　　中:风雹、大风、洪涝、光照强度过大等。

　　蒙　　西:风雹、大风、光照强度过大等。

　　(5)管理注意事项

　　注意通风降温、排湿,并防止夜温过高。

　　(6)主要病虫害

　　冀中南:病毒病等病害;蚜虫、茶黄螨、白粉虱等虫害。

　　冀西北:霜霉病、疫病等病害;蚜虫、白粉虱等虫害。

　　冀东北:病毒病等病害。

　　晋南:病毒病、茎基腐病、疫病等病害;白粉虱、蚜虫等虫害。

　　晋东南:叶霉病、病毒病等病害。

　　晋中:早疫病、晚疫病、病毒病、灰霉病、叶霉病等病害。

　　晋北:病毒病等病害。

　　蒙东:茎基腐病、病毒病等病害;蚜虫、白粉虱等虫害。

　　蒙中:茎基腐病、病毒病等病害;蚜虫等虫害。

　　蒙西:茎基腐病、病毒病等病害;蚜虫等虫害。

　　(7)病虫害与气象条件的关系

　　病毒病:高温干旱易发生病毒病。

　　茎基腐病:菌丝在 2～32℃ 范围内均能生长,最适温度为 20℃,致死温度为 50℃;光照对菌丝生长影响较小。

叶霉病：低温、高湿是该病发生、流行的主要条件，湿度是其发生、流行的主要因素。气温为20～25℃，空气相对湿度在90%以上，病菌繁殖迅速，病情发生严重。种植过密、多年重茬、放风不及时、大水漫灌、湿度过大等都有利于该病发生。

早疫病：高温、高湿、田间结露利于发病。发病多从植株下部老叶开始，逐渐向上发展。昼夜温差大、连续阴雨、通风排水不良、植株生长衰败等，是该病发生、流行的主要原因。病菌发育适宜温度为26～28℃。

晚疫病：当日温在18～22℃、夜温在10℃以上、空气相对湿度大于95%时，特别是在多雨、多雾、寡照、高湿或氮肥过多及栽培密度过大的情况下易发生，叶、茎、果均会受害。

灰霉病：低温、高湿是发病的主要条件，湿度是发病的关键。最适宜的温度为20～25℃，空气相对湿度在90%以上。植株种植过密、通风不畅、连阴天多、光照不足、放风不及时、湿度大，病害发生严重。

蚜虫：繁殖最佳温度为16～22℃。一般施化肥多，氮素含量高，疯长、过嫩的植株蚜虫多。

茶黄螨：发生危害最适温度为16～27℃，空气相对湿度为45%～90%。

白粉虱：发育的起点温度为7.2℃，成虫最适温度为25～30℃，温度高于40.5℃成虫活动能力下降。

2.1.3　花果期

(1)时间

　　　　　冀中南：10月—翌年1月。

　　　　　冀西北：10月下旬—翌年3月。

　　　　　冀东北：11月—翌年2月。

　　　　　晋　南：9月下旬—12月中旬。

　　　　　晋东南：12月—翌年1月。

　　　　　晋　中：10月中旬—翌年1月下旬。

晋　　北:9 月上旬—11 月下旬。

蒙　　东:10 月初—翌年 1 月中旬。

蒙　　中:9 月上旬—翌年 1 月下旬。

蒙　　西:9 月下旬—12 月上旬。

（2）适宜的气象条件

果实发育和着色最适宜的温度在 24～27℃,白天 25℃左右,夜温 12～15℃。

（3）此期天气特点

冀中南:月平均气温由 10 月的 12.8～15.3℃、11 月的 3.8～7.0℃、12 月的-2.5～1.0℃,到翌年 1 月的-4.6～-0.9℃;平均每天日照时数 10 月 5.8～7.2 小时、11 月 4.9～6.2 小时、12 月 4.5～5.9 小时、翌年 1 月 4.6～6.3 小时。

冀西北:从 10 月到翌年 3 月,月平均气温分别为 10 月 4.9～10.6℃、11 月-4.6～1.6℃、12 月-8.7～-5.0℃、1 月-10.8～-7.0℃、2 月-10.0～-3.3℃、3 月-2.4～3.4℃;平均每天日照时数 10 月 7.3～7.8 小时、11 月 6.3～7.2 小时、12 月 5.6～6.3 小时、翌年 1 月 6.2～6.8 小时、2 月 6.8～7.5 小时、3 月 7.3～8 小时。

冀东北:从 11 月到翌年 2 月,月平均气温 11 月-1.6～4.8℃、12 月-8.9～-1.7℃、1 月-10.9～-4.3℃、2 月-6.5～-1.1℃;平均每天日照时数 11 月 5.6～7.0 小时、12 月 5.2～6.6 小时、1 月 5.7～7.0 小时、2 月 6.4～7.5 小时。

晋南:9 月下旬旬平均气温为 16.9～19.1℃、10 月月平均气温为 12.5～14.5℃、11 月月平均气温为 4.7～7.2℃、12 月上旬旬平均气温为 0.1～2.8℃、12 月中旬旬平均气温为-1.5～1.5℃;平均每天日照时数 9 月下旬 4.8～5.7℃、10 月 5.1～5.7 小时、11 月 4.8～5.6 小时、12 月上旬 4.9～5.6 小时、12 月中旬 4.5～5.3 小时。

晋东南:从 12 月到翌年 1 月,月平均气温分别为 12 月-4.5～-0.3℃、翌年 1 月 6.3～2.2℃;平均每天日照时数 12 月 5.3～6.5 小时、翌年 1 月 5.4～6.6 小时。

晋中:月平均气温由 10 月的 7.3～12.2℃、11 月的-0.9～

4.8℃、12 月的－7.4～－1.1℃,到翌年 1 月的－9.5～－3.2℃;平均每天日照时数由 10 月上旬的 5.9～7.4 小时、11 月下旬的5.5～6.9 小时、12 月的 5.1～6.8 小时,到翌年 1 月的 5.2～6.9 小时。

晋北:月平均气温由 9 月的 12.3～17.4℃、10 月的 4.9～10.2℃,到 11 月的－4.3～1.5℃;平均每天日照时数由 9 月的6.6～8.3 小时、10 月的 6.7～8.0 小时,到 11 月的 5.7～7.2 小时。

蒙东:平均气温由 10 月的 6.6～8.7℃、11 月的－4.0～－1.2℃、12 月的－10.8～－7.9℃,到翌年 1 月的－13.1～－10.5℃;平均每天日照时数 10 月 7.8～8.2 小时、11 月 6.7～7.1小时、12 月 6.1～6.7 小时、翌年 1 月 6.6～7.3 小时。

蒙中:月平均气温 9 月 13.5～17.9℃、10 月 6.0～12.0℃、11 月－4.4～2.0℃、12 月－10.9～－5.6℃、翌年 1 月－14.8～－6.1℃;平均每天日照时数 9 月 8.1～8.3 小时、10 月 7.4～8.0 小时、11 月6.5～7.2 小时、12 月 6.0～6.6 小时、翌年 1 月 6.3～6.9 小时。

蒙西:河套灌区 9 月下旬旬平均气温为 13.1～14.3℃、10 月月平均气温为 8.2～9.0℃、11 月月平均气温为－1.3～0.5℃、12 月上旬旬平均气温为－8.2～－5.6℃;期间平均每天日照时数在 6.8～10.2 小时之间变化。

(4)主要灾害
冀中南:强降雪、低温寡照、大风、低温冷冻害等。
冀西北:低温冷冻害、大风、强降雪等。
冀东北:强降雪、低温寡照、大风、低温冷冻害等。
晋　南:高温高湿、连阴寡照、大风、低温冷冻害、强降雪等。
晋东南:低温冷冻害、强降雪、低温寡照、大风等。
晋　中:低温冷冻害、强降雪、连阴寡照、低温寡照、大风等。
晋　北:低温冷冻害、大风等。
蒙　东:高温高湿、低温冷冻害、大风、强降雪、低温寡照等。
蒙　中:高温高湿、低温冷冻害、大风、强降雪、低温寡照等。
蒙　西:高温高湿、大风、强降雪、低温冷冻害等。

（5）管理注意事项

注意通风降温、排湿，并防止夜温过高；增强防冻保暖措施，增加无纺布，双层或多层草苫覆盖等；尽量延长光照时间；阴天或浇水后注意通风排湿防病，及时用药防治；及时点花，疏花疏果，提高番茄开花坐果率。

（6）主要病虫害

冀中南：灰霉病、疫病、叶霉病、低温障碍病、白粉病、青枯病等病害；茶黄螨、蚜虫、白粉虱、棉铃虫等虫害。

冀西北：灰霉病、霜霉病、疫病、叶霉病等病害；蚜虫、红蜘蛛、白粉虱等虫害。

冀东北：灰霉病、叶霉病、疫病等病害。

晋南：病毒病、茎基腐病、疫病等病害；白粉虱、蚜虫等虫害。

晋东南：潜叶蝇、灰霉病、病毒病、白粉病、叶霉病等病害；白粉虱等虫害。

晋中：早疫病、晚疫病、病毒病、灰霉病、叶霉病等病害。

晋北：病毒病等病害。

蒙东：溃疡病、灰霉病、枯萎病、细菌性溃疡病、早疫病、晚疫病、叶霉病等病害；蚜虫、白粉虱等虫害。

蒙中：青枯病、早疫病、斑点病、炭疽病、白粉病、晚疫病等病害；蚜虫等虫害。

蒙西：灰霉病、早疫病等病害；白粉虱等虫害。

（7）病虫害与气象条件的关系

灰霉病：低温、高湿是发病的主要条件，湿度是发病的关键。最适宜温度为 20～25℃，空气相对湿度在 90％以上。植株种植过密、通风不畅、连阴天多、光照不足、放风不及时、湿度大，病害发生严重。

早疫病：高温、高湿、田间结露利于发病。发病多从植株下部老叶开始，逐渐向上发展。昼夜温差大、连续阴雨、通风排水不良、植株生长衰败等，是该病发生、流行的主要原因。病菌发育适宜温度为 26～28℃。

叶霉病：低温、高湿是该病发生、流行的主要条件，湿度是其发生、流行的主要因素。气温为20~25℃，空气相对湿度在90%以上，病菌繁殖迅速，病情发生严重。种植过密、多年重茬、放风不及时、大水漫灌、湿度过大等都有利于该病发生。

白粉病：多发生在番茄生长中后期。病菌发育的适宜温度为15~30℃。

青枯病：病菌喜高温、高湿、偏酸性环境，发病最适温度为30~37℃。常年连作、排水不畅、通风不良、土壤偏酸、钙磷缺乏、管理粗放、田间湿度大的田块发病较重。

病毒病：高温干旱易发生病毒病。

茎基腐病：菌丝在2~32℃范围内均能生长，最适温度20℃左右，致死温度为50℃；光照对菌丝生长影响较小。

晚疫病：当日温在18~22℃、夜温在10℃以上、空气相对湿度大于95%时，特别是在多雨、多雾、寡照、高湿或氮肥过多及栽培密度过大的情况下易发生，叶、茎、果均会受害。

溃疡病：发病适温为25~27℃，中性土壤，植株伤口多，病害易流行。

枯萎病：一般在番茄开花期开始发病，主要为害根和茎。该病为真菌性病害，发病适宜温度为24~30℃，土壤温度为28℃最适宜发病，土壤板结，透水性差时易发病。在连作地、线虫为害地、酸性土壤、肥料不足等条件下，枯萎病发病重。

细菌性溃疡病：病原菌初发适宜温度为22~25℃，空气相对湿度60%~70%；病原菌暴发适宜温度为25~30℃，空气相对湿度为70%以上。

斑点病：气温在20~25℃及连阴雨后的多湿条件易发病。

炭疽病：高温高湿条件易发病，发病最适温度24℃左右。

茶黄螨：发生危害最适温度16~27℃，空气相对湿度为45%~90%。

蚜虫：繁殖最佳温度为16~22℃。一般施化肥多，氮素含量高，疯长、过嫩的植株蚜虫多。

白粉虱:发育的起点温度为 7.2℃,成虫最适温度为 25～30℃,温度高于 40.5℃成虫活动能力下降。

棉铃虫:棉铃虫属喜温喜湿性害虫。幼虫发育以气温 25～28℃和空气相对湿度 75％～90％最为适宜。

红蜘蛛:干旱高温的环境适宜红蜘蛛的生长繁殖。生长和繁殖的最适温度为 29～31℃,空气相对湿度为 35％～55％。

菜青虫:发育最适温度为 20～25℃,相对湿度在 76％左右。

潜叶蝇:属温度敏感型害虫,生长发育适温为20～30℃。

2.2　越冬茬番茄

2.2.1　播种育苗期

从播种到5～7片真叶。

(1)时间

　　　　冀中南:9—10月。

　　　　冀西北:8月中旬—9月中旬。

　　　　冀东北:9月中下旬—10月上旬。

　　　　晋　南:9月中旬—10月上旬。

　　　　晋东南:11月上旬—12月上旬。

　　　　晋　中:10月中旬—11月上旬。

　　　　晋　北:一般无越冬茬番茄种植。

　　　　蒙　东:8月末—9月中旬。

　　　　蒙　中:11月中旬—12月上旬。

　　　　蒙　西:8月中旬。

(2)适宜的气象条件

播种后,白天温度控制在 25～28℃,夜间温度控制在 15℃左右。分苗后缓苗 3～5 天,期间适当提高地温。白天的温度控制在 25～28℃,夜间 15～18℃,地温 18～22℃。缓苗后白天温度控制在 23～25℃,上半夜 17℃、下半夜 15℃(不能低于 12℃)。

（3）此期天气特点

冀中南：月平均气温 9 月 19.6～21.5℃、10 月 12.8～15.3℃；平均每天日照时数 9 月 5.9～7.7 小时、10 月 5.8～7.2 小时。

冀西北：旬平均气温由 8 月中旬的 18.0～23.3℃、下旬的 16.5～22℃、9 月上旬的 14.3～20.0℃，到 9 月中旬的 12.2～17.9℃；期间平均每天日照时数 7.5～8.8 小时。

冀东北：旬平均气温 9 月中旬 15.3～20.8℃、9 月下旬 13.1～18.8℃、10 月上旬 10.9～16.6℃；期间平均每天日照时数 6.6～8.9 小时。

晋南：旬平均气温由 9 月中旬的 18.7～21.0℃、9 月下旬的 16.9～19.1℃，到 10 月上旬的 14.9～17.0℃；平均每天日照时数 9 月中旬 5.1～6.0 小时、9 月下旬 4.8～5.7℃、10 月上旬 5.1～5.7 小时。

晋东南：11 月月平均气温为 1.9～5.6℃，12 月上旬旬平均气温为－3.0～1.0℃；平均每天日照时数由 11 月的 5.6～6.8 小时，到 12 月上旬的 5.2～6.4 小时。

晋中：旬平均气温由 10 月中旬的 7.6～12.2℃、10 月下旬的 4.8～10.2℃，到 11 月上旬的 2.2～7.8℃；平均每天日照时数由 10 月中旬的 5.2～6.7 小时、10 月下旬的 6.9～8.4 小时，到 11 月上旬的 5.8～7.2 小时。

蒙东：旬平均气温由 8 月下旬的 19.6～21.5℃、9 月上旬的 17.2～19.0℃，到 9 月中旬的 14.5～16.5℃；平均每天日照时数 8 月下旬 8.9～9.3 小时、9 月上旬 8.1～8.8 小时、9 月中旬 8.4～8.9 小时。

蒙中：旬平均气温由 11 月中旬的－8.7～5.2℃、11 月下旬的－8.5～－4.0℃，到 12 月上旬的－14.1～－1.4℃；期间平均每天日照时数 6.4～7.1 小时。

蒙西：河套灌区 8 月中旬旬平均气温 21.1～22.1℃；平均每天日照时数 9.3～9.9 小时。

（4）主要灾害

冀中南:高温高湿、连阴寡照、大风等。

冀西北:风雹、洪涝、大风等。

冀东北:连阴寡照、大风等。

晋　南:高温高湿、连阴寡照、大风等。

晋东南:低温寡照、大风、低温冷冻害、强降雪等。

晋　中:高温高湿、连阴寡照、大风等。

蒙　东:冰雹、大风、高温高湿等。

蒙　中:低温冷冻害、大风、强降雪、低温寡照等。

蒙　西:冰雹、大风、高温高湿等。

（5）管理注意事项

前期注意遮荫防雨,预防诱发病害,后期注意预防早霜或低温冷冻害。

（6）主要病虫害

冀中南:猝倒病、立枯病、早疫病、低温障碍病等病害。

冀西北:病害较少,易发生蚜虫、白粉虱等虫害。

冀东北:早疫病、猝倒病等病害;蚜虫等虫害。

晋南:病毒病、茎基腐病、疫病等病害;白粉虱、蚜虫等虫害。

晋东南:猝倒病等病害。

晋中:早疫病、晚疫病、病毒病、灰霉病、叶霉病等病害。

蒙东:猝倒病、立枯病等病害。

蒙中:猝倒病、低温障碍病等病害。

蒙西:猝倒病、立枯病等病害。

（7）病虫害与气象条件的关系

猝倒病:番茄苗期遇到低温高湿、寡照或气温低于 10℃ 的天气时易发生猝倒病。

低温障碍病:气温在 10℃ 或低于 10℃ 易发生冷害。

病毒病:高温干旱易发生病毒病。

茎基腐病:菌丝在 2～32℃ 范围内均能生长,最适温度 20℃,致死温度为 50℃;光照对菌丝生长影响较小。

早疫病：高温、高湿、田间结露利于发病。发病多从植株下部老叶开始，逐渐向上发展。昼夜温差大、连续阴雨、通风排水不良、植株生长衰败等，是该病发生、流行的主要原因。病菌发育适宜温度26～28℃。

晚疫病：当日温在18～22℃、夜温在10℃以上、空气相对湿度大于95％时，特别是在多雨、多雾、寡照、高湿或氮肥过多及栽培密度过大的情况下易发生，叶、茎、果均会受害。

灰霉病：低温、高湿是发病的主要条件，湿度是发病的关键。最适宜温度为20～25℃，空气相对湿度在90％以上。植株种植过密、通风不畅、连阴天多、光照不足、放风不及时、湿度大，病害发生严重。

叶霉病：低温、高湿是该病发生、流行的主要条件，湿度是其发生、流行的主要因素。气温为20～25℃，空气相对湿度在90％以上，病菌繁殖迅速，病情发生严重。种植过密、多年重茬、放风不及时、大水漫灌、湿度过大等都有利于该病发生。

立枯病：立枯病的病原菌是立枯丝核菌，其生长适宜温度在17～28℃，当温度在12℃以下或30℃以上时生长会受到抑制。诱发立枯病主要因素是温室内的高湿环境。

蚜虫：繁殖最佳温度为16～22℃。一般施化肥多，氮素含量高，疯长、过嫩的植株蚜虫多。

白粉虱：发育的起点温度为7.2℃，成虫最适温度为25～30℃，温度高于40.5℃成虫活动能力下降。

2.2.2 定植期

（1）时间

        冀中南：11月。

        冀西北：9月下旬—10月上旬。

        冀东北：10月中下旬—11月上旬。

        晋　南：10月下旬—11月下旬。

        晋东南：12月中旬—1月上旬。

晋　中:11月中旬。

蒙　东:11月上旬—11月下旬。

蒙　中:2月上旬。

蒙　西:9月上旬。

(2)适宜的气象条件

白天温度控制在25～28℃,夜间温度控制在15℃左右。

(3)此期天气特点

冀中南:11月月平均气温为3.8～7.0℃;月平均每天日照时数为4.9～6.2小时。

冀西北:旬平均气温由9月下旬的10.1～15.8℃,到10月上旬的10.3～13.5℃;期间平均每天日照时数7.3～8.4小时。

冀东北:旬平均气温10月中旬8.3～13.8℃、10月下旬5.3～10.9℃、11月上旬1.9～8.0℃;期间平均每天日照时数6.1～8.0小时。

晋南:旬平均气温由10下旬的10.0～12.1℃,到11月上旬的7.7～10.0℃、11月中旬的4.1～6.8℃、11月下旬的2.4～5.0℃;平均每天日照时数由10月下旬的6.0～6.7小时,到11月上旬的5.4～6.1小时、11月中旬的4.6～5.4小时、11月下旬的4.3～5.3小时。

晋东南:旬平均气温分别为12月中旬−4.7～−0.3℃、12月下旬−5.8～−1.3℃、1月上旬−6.2～−2.0℃;平均每天日照时数分别为12月中旬5.1～6.3小时、12月下旬5.7～7.0小时、1月上旬5.2～6.4小时。

晋中:11月中旬旬平均气温−1.0～4.3℃;平均每天日照时数为5.4～6.9小时。

蒙东:旬平均气温由11月上旬的−0.2～2.4℃、11月中旬的−4.4～−1.8℃,到11月下旬的−7.4～−4.3℃;平均每天日照时数11月上旬6.9～7.2小时、中旬6.8～7.2小时、下旬6.4～7.0小时。

蒙中:2月上旬旬平均气温−13.2～−8.5℃;平均每天日照时

数为 7.0～7.5 小时。

　　蒙西:河套灌区 9 月上旬旬平均气温 17.6～18.6℃;平均每天日照时数为 8.7～9.3 小时。

　　(4)主要灾害

　　冀中南:强降雪、低温寡照、大风、连阴寡照等。

　　冀西北:风雹、洪涝、大风等。

　　冀东北:大风、连阴寡照、强降雪、低温寡照等。

　　晋　南:连阴寡照、大风、低温寡照等。

　　晋东南:低温冷冻害、大风、强降雪、低温寡照等。

　　晋　中:低温寡照、大风等。

　　蒙　东:低温冷冻害、强降雪、大风、低温寡照等。

　　蒙　中:低温冷冻害、强降雪、大风、低温寡照等。

　　蒙　西:大风、高温高湿等。

　　(5)管理注意事项

　　防止沤根,应及时通风排湿、撒干土吸湿或松土增加土壤蒸发量。切忌阴天或雨雪天气浇水,晴天时也要严格控制浇水量,同时要注意苗床土温不要过低。栽苗应选晴天进行,缓苗后注意通风。加强防冻,后期注意保暖管理,及时揭盖草苫,延长光照时间。清洁棚膜。定植时浇足水。

　　(6)主要病虫害

　　冀中南:灰霉病、叶霉病、沤根等病害。

　　冀西北:霜霉病、疫病等病害;蚜虫、白粉虱等虫害。

　　冀东北:灰霉病、叶霉病等病害;蚜虫等虫害。

　　晋南:霜霉病等病害;白粉虱等虫害。

　　晋东南:灰霉病、叶霉病等病害。

　　晋中:早疫病、晚疫病、病毒病、灰霉病、叶霉病等病害。

　　蒙东:茎基腐病等病害。

　　蒙中:霜霉病等病害。

　　蒙西:立枯病、白粉病等病害;白粉虱等虫害。

（7）病虫害与气象条件的关系

灰霉病：低温、高湿是发病的主要条件，湿度是发病的关键。最适宜的温度为 $20\sim25℃$，空气相对湿度为 90% 以上。植株种植过密、通风不畅、连阴天多、光照不足、放风不及时、湿度大，病害发生严重。

叶霉病：低温、高湿是该病发生、流行的主要条件，湿度是其发生、流行的主要因素。气温为 $20\sim25℃$，空气相对湿度在 90% 以上，病菌繁殖迅速，病情发生严重。种植过密、多年重茬、放风不及时、大水漫灌、湿度过大等都有利于该病发生。

沤根：地温低于 $12℃$，持续时间较长，且浇水过量或遇连阴雨天；苗床温度过低，幼苗发生萎蔫，萎蔫持续时间长等，均易产生沤根。

病毒病：高温干旱易发生病毒病。

早疫病：高温、高湿、田间结露利于发病。发病多从植株下部老叶开始，逐渐向上发展。昼夜温差大、连续阴雨、通风排水不良、植株生长衰败等，是该病发生、流行的主要原因。病菌发育适宜温度 $26\sim28℃$。

晚疫病：当日温在 $18\sim22℃$、夜温在 $10℃$ 以上、空气相对湿度大于 95% 时，特别是在多雨、多雾、寡照、高湿或氮肥过多及栽培密度过大的情况下易发生，叶、茎、果均会受害。

茎基腐病：菌丝在 $2\sim32℃$ 范围内均能生长，最适温度 $20℃$，致死温度为 $50℃$；光照对菌丝生长影响较小。

立枯病：立枯病的病原菌是立枯丝核菌，其生长适宜温度在 $17\sim28℃$，当温度在 $12℃$ 以下或 $30℃$ 以上时生长会受到抑制。诱发立枯病主要因素是温室内的高湿环境。

白粉病：多发生在番茄生长中后期。病菌发育的适宜温度为 $15\sim30℃$。

蚜虫：繁殖最佳温度为 $16\sim22℃$。一般施化肥多，氮素含量高，疯长、过嫩的植株蚜虫多。

白粉虱：发育的起点温度为 $7.2℃$，成虫最适温度为 $25\sim30℃$，温度高于 40.5℃成虫活动能力下降。

2.2.3 花果期

（1）时间

冀中南：12 月—翌年 6 月。

冀西北：11 月中旬—翌年 3 月。

冀东北：12 月下旬—翌年 5 月。

晋　南：12 月上旬—翌年 5 月。

晋东南：3—8 月。

晋　中：12 月上旬—翌年 6 月下旬。

蒙　东：12 上旬—翌年 5 月下旬。

蒙　中：3 月中旬—6 月中旬。

蒙　西：11 月中旬—翌年 5 月下旬。

（2）适宜的气象条件

果实发育和着色最适宜的温度在 24～27℃,白天 25℃左右,夜温 12～15℃。

（3）此期天气特点

冀中南：月平均气温分别为 12 月－2.5～1.0℃、翌年 1 月－4.6～－0.9℃、2 月－1.1～2.7℃、3 月 5.5～8.5℃、4 月 13.8～16.1℃、5 月 19.6～21.7℃、6 月 24.2～26.4℃;平均每天日照时数 12 月4.5～5.9 小时、1 月 4.6～6.3 小时、2 月 5.3～7.0 小时、3 月 6.1～7.7 小时、4 月 7.4～8.7 小时、5 月 7.5～9.1 小时、6 月 7.1～8.9 小时。

冀西北：从 11 月到翌年 3 月,月平均气温分别为 11 月－4.6～1.6℃、12 月－8.7～－5.0℃、翌年 1 月－10.8～－7.0℃、2 月－10.0～－3.3℃、3 月－2.4～3.4℃;平均每天日照时数 11 月6.3～7.2 小时、12 月 5.6～6.3 小时、翌年 1 月 6.2～6.8 小时、2 月 6.8～7.5 小时、3 月 7.3～8.0 小时。

冀东北：从 12 月下旬到翌年 5 月,12 月下旬旬平均气温为－10.0～－3.0℃、翌年 1 月月平均气温为－10.9～－4.3℃、2 月月平均气温为－6.5～－1.1℃、3 月月平均气温为 1.0～5.5℃、4 月月平均气温为 10.1～13.9℃、5 月月平均气温为 16.4～19.8℃；平均每天日照时数 12 月下旬 5.0～6.5 小时、1 月 5.7～7.0 小时、2 月 6.4～7.5 小时、3 月 7.0～8.2 小时、4 月 7.6～8.9 小时、5 月 7.9～9.2 小时。

晋南：从 12 月到翌年 5 月，月平均气温分别为 12 月－1.3～1.6℃、翌年 1 月－2.9～－0.2℃、2 月 0.8～3.5℃、3 月 6.4～9.0℃、4 月 13.6～15.9℃、5 月 19.0～21.3℃；平均每天日照时数 12 月 4.8～5.6 小时、翌年 1 月 4.7～5.5 小时、2 月 4.5～5.3 小时、3 月 5.4～6.1 小时、4 月 6.5～7.3 小时、5 月 7.2～8.0 小时。

晋东南：从 3 月到 8 月，月平均气温分别为 3 月 2.6～6.4℃、4 月 9.9～13.7℃、5 月 15.4～18.9℃、6 月 19.2～23.0℃、7 月 20.9～24.6℃、8 月 19.5～23.1℃；平均每天日照时数 3 月 6.0～7.3 小时、4 月 7.2～8.6 小时、5 月 7.8～9.4 小时、6 月 7.0～8.6 小时、7 月 6.2～8.1 小时、8 月 6.0～7.9 小时。

晋中：从 12 月到翌年 6 月，月平均气温 12 月－7.4～－1.1℃、翌年 1 月－9.5～－3.2℃、2 月－5.3～－0.3℃、3 月 1.2～5.6℃、4 月 8.8～13.3℃、5 月 14.3～19.3℃、6 月 18.2～23.4℃；平均每天日照时数 12 月 5.1～6.8 小时、翌年 1 月 5.2～6.9 小时、2 月 5.2～6.5 小时、3 月 6.2～7.6 小时、4 月 7.3～8.4 小时、5 月 8.0～9.3 小时、6 月 7.2～8.6℃。

蒙东：从 12 月到翌年 5 月，月平均气温由 12 月的－10.8～－7.9℃、翌年 1 月的－13.1～－10.5℃、2 月的－9.3～－6.6℃、3 月的－2.3～0.3℃、4 月的 7.9～10.0℃，到 5 月的 15.4～16.9℃；平均每天日照时数由 12 月的 6.1～6.7 小时、翌年 1 月的 6.6～7.3 小时、2 月的 7.5～8.2 小时、3 月的 7.9～8.7 小时、4 月的 8.4～8.7 小时，到 5 月的 8.6～9.2 小时。

蒙中：从 3 月到 6 月，月平均气温分别为 3 月－1.4～4.1℃、4 月 5.8～13.3℃、5 月 14.8～18.4℃、6 月 19.5～23.7℃；平均每天日照时数 3 月 7.7～8.0 小时、4 月 8.7～8.8 小时、5 月 8.8～9.8 小

时,6月9.0~9.7小时。

蒙西:河套灌区从11月到翌年5月,月平均气温分别为11月－1.6~－0.4℃、12月－10.1~－7.2℃、翌年1月－12.6~－9.7℃、2月－8.0~－5.7℃、3月0.2~1.4℃、4月8.7~10.2℃、5月16.3~17.5℃;平均每天日照时数11月7.2~7.8小时、12月6.5~7.2小时、翌年1月6.9~7.6小时、2月7.6~8.2小时、3月8.3~9.0小时、4月9.2~10.0小时、5月10.0~10.8小时。

(4)主要灾害

冀中南:低温冷冻害、强降雪、低温寡照、大风、连阴寡照、高温高湿等。

冀西北:低温冷冻害、大风、强降雪等。

冀东北:低温冷冻害、大风、强降雪、低温寡照、连阴寡照、高温高湿等。

晋　南:低温冷冻害、强降雪、低温寡照、大风、连阴寡照、高温高湿等。

晋东南:低温冷冻害、连阴寡照、大风、高温高湿、光照强度过大、雨涝等。

晋　中:低温冷冻害、强降雪、低温寡照、大风、连阴寡照、高温高湿等。

蒙　东:低温冷冻害、大风、强降雪、高温高湿、低温寡照等。

蒙　中:低温冷冻害、大风、高温高湿等。

蒙　西:低温冷冻害、强降雪、大风、高温高湿等。

(5)管理注意事项

增强防冻保暖措施,增加无纺布,双层或多层草苫覆盖等。冬季连阴寡照下,有条件的可适当补光。阴天、浇水后注意通风降湿防病,必要时配合烟剂防病。预防风灾。及时清扫棚膜上的积雪。

(6)主要病虫害

冀中南:晚疫病、灰霉病、绵疫病、病毒病等病害;烟粉虱、白粉虱、蚜虫等虫害。

冀西北:灰霉病、霜霉病、疫病、叶霉病等病害;蚜虫、红蜘蛛、白粉虱等虫害。

冀东北：晚疫病、早疫病、灰霉病、叶霉病、溃疡病、病毒病等病害；白粉虱、棉铃虫、蚜虫等虫害。

晋南：霜霉病、角斑病、灰霉病等病害；白粉虱、蚜虫、螨虫等虫害。

晋东南：灰霉病、病毒病、白粉病、叶霉病等病害；白粉虱、潜叶蝇等虫害。

晋中：早疫病、病毒病等病害。

蒙东：灰霉病、枯萎病、病毒病、细菌性溃疡病、早疫病、晚疫病、叶霉病、白粉病等病害；蚜虫、白粉虱等虫害。

蒙中：早疫病、斑点病、炭疽病、白粉病、晚疫病等病害。

蒙西：白粉病、灰霉病、早疫病等病害；白粉虱等虫害。

（7）病虫害与气象条件的关系

灰霉病：低温、高湿是发病的主要条件，湿度是发病的关键。最适宜温度为 20～25℃，空气相对湿度在 90% 以上。植株种植过密、通风不畅、连阴天多、光照不足、放风不及时、湿度大，病害发生严重。

绵疫病：最适宜发病温度为 30℃，空气相对湿度在 85% 以上。高温多雨、湿度大，为该病的发生创造了有利的条件。

病毒病：高温干旱易发生病毒病。

早疫病：高温、高湿、田间结露利于发病。发病多从植株下部老叶开始，逐渐向上发展。昼夜温差大、连续阴雨、通风排水不良、植株生长衰败等，是该病发生、流行的主要原因。病菌发育适宜温度为 26～28℃。

叶霉病：低温、高湿是该病发生、流行的主要条件，湿度是其发生、流行的主要因素。气温为 20～25℃，空气相对湿度在 90% 以上，病菌繁殖迅速，病情发生严重。种植过密、多年重茬、放风不及时、大水漫灌、湿度过大等都有利于该病发生。

溃疡病：发病适温为 25～27℃，中性土壤，植株伤口多，病害易流行。

晚疫病:当日温在 18～22℃、夜温在 10℃ 以上、空气相对湿度大于 95％ 时,特别是在多雨、多雾、寡照、高湿或氮肥过多及栽培密度过大的情况下易发生,叶、茎、果均会受害。

枯萎病:一般在番茄开花期开始发病,主要为害根和茎。该病为真菌性病害,发病适宜温度为 24～30℃,土壤温度 28℃ 最适宜发病,土壤板结,透水性差时易发病。在连作地、线虫为害地、酸性土壤、肥料不足等条件下,枯萎病发病重。

细菌性溃疡病:病原菌初发适宜温度为 22～25℃,空气相对湿度为 60％～70％;病原菌暴发适宜温度为 25～30℃,空气相对湿度在 70％ 以上。

斑点病:气温 20～25℃ 及连阴雨后的多湿条件易发病。

炭疽病:高温高湿条件利于发病,发病最适温度在 24℃ 左右。

烟粉虱:烟粉虱在干热的气候条件下易暴发,在 25℃ 条件下,从卵发育到成虫需要 18～30 天。

白粉虱:发育的起点温度为 7.2℃,成虫最适温度为 25～30℃,温度高于 40.5℃ 成虫活动能力下降。

蚜虫:繁殖最佳温度为 16～22℃。一般施化肥多,氮素含量高,疯长、过嫩的植株蚜虫多。

棉铃虫:棉铃虫属喜温喜湿性害虫。幼虫发育以气温 25～28℃ 和空气相对湿度 75％～90％ 最为适宜。

红蜘蛛:干旱高温的环境适宜红蜘蛛的生长繁殖。生长和繁殖的最适温度为 29～31℃,空气相对湿度为 35％～55％。

潜叶蝇:属温度敏感型害虫,生长发育适温为 20～30℃。

螨虫:发育繁殖适温为 16～23℃,空气相对湿度为 80％～90％。

2.3　冬春茬番茄

2.3.1　播种育苗期

从播种到 7～8 片真叶。

（1）时间

冀中南：11月下旬—12月。

冀西北：1月上旬—2月上旬。

冀东北：12月中下旬。

晋　南：10月下旬—11月中旬。

晋东南：1—2月。

晋　中：一般无冬茬番茄种植。

晋　北：11月中旬—12月下旬。

蒙　东：11月下旬—12月上旬。

蒙　中：1月中旬—3月中旬。

蒙　西：11月上旬。

（2）适宜的气象条件

出苗前，白天温度宜掌握在25～28℃，夜间12～18℃，不能低于10℃。苗出齐后，可适当降低床温，白天20～25℃，夜间10～15℃，最低不能低于8℃。分苗后2～3天内，白天保持在25～28℃，夜间15～20℃，不能低于10℃。缓苗后，可适当降低床温，白天保持在20～25℃，夜间12～15℃。出苗至2片真叶期要防止徒长。

（3）此期天气特点

冀中南：旬平均气温11月下旬1.1～4.4℃，12月上、中、下旬分别为−1.0～2.3℃、−2.7～0.9℃和−3.8～0.0℃；平均每天日照时数11月下旬4.1～5.7小时、12月上旬4.6～5.9小时、中旬4.3～5.9小时、下旬4.3～5.8小时。

冀西北：旬平均气温由1月上旬的−10.8～−7.0℃、中旬的−11.1～−7.4℃、下旬的−10.5～−6.7℃，到2月上旬的−12.4～−5.1℃；平均每天日照时数在5.8～7.5小时之间变化。

冀东北：旬平均气温12月中、下旬分别为−9.3～−1.9℃、−10.0～−3.0℃；平均每天日照时数12月中、下旬分别为5.3～6.9小时、5.0～6.5小时。

晋南：旬平均气温由10下旬的10.0～12.1℃，到11月上旬的7.7～10.0℃、中旬的4.1～6.8℃、11月下旬的2.4～5.0℃；平均每天日照时数由 10 月下旬的 6.0～6.7 小时,到 11 月上旬的 5.4～6.1 小时、中旬的 4.6～5.4 小时、11 月下旬的 4.3～5.3 小时。

晋东南:从 1 月到 2 月,月平均气温分别为 1 月 6.3～2.2℃、2 月-2.5～0.9℃;平均每天日照时数 1 月 5.4～6.6 小时、2 月 5.2～6.2 小时。

晋北:旬平均气温 11 月中旬-4.8～1.1℃、11 月下旬-7.3～-1.4℃、12 月上旬-10.0～-3.7℃、12 月中旬-12.1～-5.3℃、12 月下旬-12.9～-6.3℃;平均每天日照时数 11 月中旬 5.7～7.1 小时、11 月下旬 5.1～7.2 小时、12 月上旬 5.0～6.7 小时、12 月中旬 5.0～6.7 小时、12 月下旬 5.0～7.2 小时。

蒙东:旬平均气温 11 月下旬-7.4～-4.3℃、12 月上旬-9.6～-6.4℃;平均每天日照时数为 6.1～6.8 小时。

蒙中:从 1 月中旬到 3 月中旬,1 月中旬旬平均气温为-15.6～-11.3℃、1 月下旬旬平均气温为-15.2～-10.8℃、2 月月平均气温为-11.0～-5.8℃、3 月上旬旬平均气温为-7.3～-1.6℃、3 月中旬旬平均气温为-4.0～1.7℃;平均每天日照时数在 6.4～7.7 小时之间变化。

蒙西:河套灌区 11 月上旬旬平均气温 2.0～3.6℃;平均每天日照时数 7.7～8.0 小时。

(4)主要灾害

冀中南:强降雪、低温寡照、大风、低温冷冻害等。

冀西北:低温冷冻害、强降雪、低温寡照、大风等。

冀东北:低温冷冻害、强降雪、大风等。

晋　南:低温、连阴寡照、大风、低温寡照等。

晋东南:低温冷冻害、强降雪、低温寡照、大风等。

晋　北:低温冷冻害、强降雪、大风等。

蒙　东:低温冷冻害、强降雪、大风、低温寡照等。

蒙　中:低温冷冻害、强降雪、大风、低温寡照等。

蒙　西:低温冷冻害、强降雪、大风等。

（5）管理注意事项

加强保暖措施；在不影响室温的前提下尽量早揭晚盖草苫，延长光照时间；保持棚膜清洁，增加透光率；在阴天时也要尽量揭开草苫使幼苗见光；大风天注意加固棚膜，以防被吹坏；及时清扫棚膜上的积雪。

（6）主要病虫害

冀中南：低温障碍病、灰霉病、猝倒病等病害。

冀西北：猝倒病、根枯病等病害；蚜虫、白粉虱等虫害。

冀东北：灰霉病、黑星病等病害。

晋南：霜霉病等病害；白粉虱、蚜虫、螨虫等虫害。

晋东南：病毒病、叶斑病等病害；潜叶蝇、白粉虱等虫害。

晋北：立枯病等病害。

蒙东：猝倒病、立枯病等病害。

蒙中：猝倒病、立枯病等病害；白粉虱等虫害。

蒙西：猝倒病、立枯病等病害。

（7）病虫害与气象条件的关系

低温障碍病：气温在10℃或低于10℃时易发生冷害。

灰霉病：低温、高湿是发病的主要条件，湿度是发病的关键。最适宜温度为20～25℃，空气相对湿度在90％以上。植株种植过密、通风不畅、连阴天多、光照不足、放风不及时、湿度大，病害发生严重。

猝倒病：番茄苗期遇到低温高湿、寡照或低于10℃气温的天气时易发生猝倒病。

晚疫病：当日温在18～22℃、夜温在10℃以上、空气相对湿度大于95％时，特别是在多雨、多雾、寡照、高湿或氮肥过多及栽培密度过大的情况下易发生，叶、茎、果均会受害。

病毒病：高温干旱易发生病毒病。

叶斑病：温度为20～25℃，空气相对湿度在80％以上易发病。

立枯病：立枯病的病原菌是立枯丝核菌，其生长适宜温度在17～28℃，当温度在12℃以下或30℃以上时生长会受到抑制。诱发立枯病主要因素是温室内的高湿环境。

潜叶蝇:属温度敏感型害虫,生长发育适温为 20～30℃。

蚜虫:繁殖最佳温度为 16～22℃。一般施化肥多,氮素含量高,疯长、过嫩的植株蚜虫多。

白粉虱:发育的起点温度为 7.2℃,成虫最适温度为 25～30℃,温度高于 40.5℃成虫活动能力下降。

螨虫:发育繁殖适温为 16～23℃,空气相对湿度为 80％～90％。

2.3.2　定植期

(1)时间

冀中南:1月。

冀西北:2月中旬—3月中旬。

冀东北:2月上中旬。

晋　南:12月上旬—翌年1月中旬。

晋东南:3—4月。

晋　北:1月中旬—2月上旬。

蒙　东:1月下旬—2月上旬。

蒙　中:3月下旬。

蒙　西:12月下旬—翌年1月上旬。

(2)**适宜的气象条件**

选在晴天的上午进行,定植后最好有 3～5 个晴天。白天室温保持在 25～30℃,超过 30℃适当放风,夜间 15～18℃。缓苗后,适当降低温度,白天 20～25℃,夜间 15℃左右,可减少养分消耗,利于开花和结果。

(3)**此期天气特点**

冀中南:此期是一年中最冷时节。1月月平均气温为 -4.6～-0.9℃;平均每天日照时数在 4.6～6.3 小时之间变化。

冀西北:旬平均气温由 2 月中旬的 -9.4～-2.8℃、下旬的 -8.0～-1.2℃、3 月上旬的 -5.5～0.8℃,到中旬的 -2.2～3.4℃;平均每天日照时数为 6.6～8.2 小时。

冀东北:旬平均气温 2 月上旬-8.5~-2.7℃、中旬-6.1~
-0.9℃;平均每天日照时数为 6.3~7.4 小时。

晋南:旬平均气温由 12 月上旬的 0.1~2.8℃、中旬的-1.5~
1.5℃、下旬的-2.5~0.5℃,到翌年 1 月上旬的-2.8~-0.1℃、1
月中旬的-3.0~-0.4℃;平均每天日照时数 4.0~6.0 小时。

晋东南:从 3 月到 4 月,月平均气温分别为 3 月 2.6~6.4℃、4
月 9.9~13.7℃;平均每天日照时数 3 月 6.0~7.3 小时、4 月 7.2~
8.6 小时。

晋北:旬平均气温 1 月中旬-14.7~-7.4℃、1 月下旬
-14.4~-6.5℃、2 月上旬-12.5~-4.5℃;平均每天日照时数 1
月中旬 5.1~6.8 小时、1 月下旬 6.2~7.9 小时、2 月上旬 6.0~7.5
小时。

蒙东:旬平均气温由 1 月下旬的-12.5~-9.9℃,到 2 月上旬
的-10.8~-8.4℃;平均每天日照时数为 7.3~7.7 小时。

蒙中:3 月下旬旬平均气温-1.5~4.2℃;平均每天日照时数为
8.0~8.4 小时。

蒙西:河套灌区旬平均气温由 12 月下旬的-10.2~-7.1℃,
到翌年 1 月上旬的-10.8~-7.0℃;平均每天日照时数由 12 月下
旬的 6.0~7.2 小时,到 1 月上旬的 6.2~7.0 小时。

(4)主要灾害

冀中南:低温冷冻害、强降雪、低温寡照、大风等。

冀西北:低温冷冻害、大风、强降雪等。

冀东北:低温冷冻害、低温寡照、大风、强降雪等。

晋　南:低温冷冻害、强降雪、低温寡照、大风等。

晋东南:低温冷冻害、连阴寡照、大风、高温高湿等。

晋　北:低温冷冻害、强降雪、大风等。

蒙　东:低温冷冻害、大风、强降雪、低温寡照等。

蒙　中:低温冷冻害、大风等。

蒙　西:低温冷冻害、大风、强降雪。

(5)管理注意事项

晴天上午定植,合理浇灌定植水。增强防冻保暖措施,增加无纺布,双层草苫覆盖等。加强透光管理。加固棚膜。雪后及时清扫棚膜。

(6)主要病虫害

冀中南:灰霉病、叶霉病、沤根、疫病等病害。

冀东北:灰霉病、叶霉病等病害。

冀西北:霜霉病、疫病、灰霉病等病害;蚜虫、白粉虱等虫害。

晋南:霜霉病、角斑病、灰霉病等病害;白粉虱、蚜虫、螨虫等虫害。

晋东南:基腐病、灰霉病、病毒病、白粉病等病害;潜叶蝇等虫害。

晋北:早疫病、晚疫病等病害。

蒙东:茎基腐病、白粉病等病害;蚜虫、白粉虱等虫害。

蒙中:立枯病、沤根等病害。

蒙西:立枯病、沤根等病害。

(7)病虫害与气象条件的关系

灰霉病:低温、高湿是发病的主要条件,湿度是发病的关键。最适宜温度为20～25℃,空气相对湿度在90%以上。植株种植过密、通风不畅、连阴天多、光照不足、放风不及时、湿度大,病害发生严重。

叶霉病:低温、高湿是该病发生、流行的主要条件,湿度是其发生、流行的主要因素。气温为20～25℃,空气相对湿度在90%以上,病菌繁殖迅速,病情发生严重。种植过密、多年重茬、放风不及时、大水漫灌、湿度过大等都有利于该病发生。

沤根:地温低于12℃,持续时间较长,且浇水过量或遇连阴雨天;苗床温度过低,幼苗发生萎蔫,萎蔫持续时间长等,均易产生沤根。

晚疫病:当日温在18～22℃、夜温在10℃以上、空气相对湿度大于95%时,特别是在多雨、多雾、寡照、高湿或氮肥过多及栽培密度过大的情况下易发生,叶、茎、果均会受害。

茎基腐病:菌丝在 2～32℃ 范围内均能生长,最适温度为 20℃ ,致死温度为 50℃ ;光照对菌丝生长影响较小。

病毒病:高温干旱易发生病毒病。

白粉病:多发生在番茄生长中后期,病菌发育的适宜温度为 15～30℃ 。

早疫病:高温、高湿、田间结露利于发病。发病多从植株下部老叶开始,逐渐向上发展。昼夜温差大、连续阴雨、通风排水不良、植株生长衰败等,是该病发生、流行的主要原因。病菌发育适宜温度 26～28℃ 。

立枯病:立枯病的病原菌是立枯丝核菌,其生长适宜温度在 17～28℃ ,当温度在 12℃ 以下或 30℃ 以上时生长会受到抑制。诱发立枯病主要因素是温室内的高湿环境。

蚜虫:繁殖最佳温度为 16～22℃ 。一般施化肥多,氮素含量高,疯长、过嫩的植株蚜虫多。

白粉虱:发育的起点温度为 7.2℃ ,成虫最适温度为 25～30℃ ,温度高于 40.5℃ 成虫活动能力下降。

螨虫:发育繁殖适温为 16～23℃ ,空气相对湿度为 80%～90% 。

潜叶蝇:属温度敏感型害虫,生长发育适温为 20～30℃ 。

2.3.3　花果期

(1)时间

> 冀中南:2 月—6 月上中旬。
>
> 冀西北:3 月下旬—5 月。
>
> 冀东北:3—6 月。
>
> 晋　南:2 月下旬—6 月。
>
> 晋东南:5 月上旬—7 月下旬。
>
> 晋　北:3 月上旬—5 月下旬。
>
> 蒙　东:2 月中下旬—4 月末。
>
> 蒙　中:4 月上旬—7 月下旬。

蒙　西:4月中旬—6月中旬。

(2)适宜的气象条件

开花期对温度反应比较敏感,在15℃以上才可开花授粉,最适宜的温度白天控制在20～25℃,夜温10～15℃。果实发育和着色最适宜的温度在24～27℃,白天25℃左右,夜温12～15℃。

(3)此期天气特点

冀中南:气温逐渐升高。月平均气温由2月的-1.1～2.7℃、3月的5.5～8.5℃、4月的13.8～16.1℃、5月的19.6～21.7℃,到6月的24.2～26.4℃;平均每天日照时数2月5.3～7.0小时、3月6.1～7.7小时、4月7.4～8.7小时、5月7.5～9.1小时、6月7.0～10.0小时。

冀西北:月平均气温由3月的-2.4～3.4℃、4月的6.3～12.1℃,到5月的13.2～18.9℃;平均每天日照时数由3月下旬的7.3～8.1小时,到5月的8.6～9.5小时。

冀东北:月平均气温3月1.0～5.5℃、4月10.1～13.9℃、5月16.4～19.8℃、6月20.5～24.1℃;平均每天日照时数由3月的5.7～7.0小时,到6月的7.3～8.6小时。

晋南:从2月到6月,月平均气温分别为2月0.8～3.5℃、3月6.4～9.0℃、4月13.6～15.9℃、5月19.0～21.3℃、6月23.0～26.0℃;平均每天日照时数2月4.5～5.3小时、3月5.4～6.1小时、4月6.5～7.3小时、5月7.2～8.0小时、6月6.7～7.8小时。

晋东南:从5月到7月,月平均气温分别为5月15.4～18.9℃、6月19.2～23.0℃、7月20.9～24.6℃;平均每天日照时数5月7.8～9.4小时、6月7.0～8.6小时、7月6.2～8.1小时。

晋北:月平均气温3月-2.1～4.0℃、4月6.4～12.2℃、5月13.8～18.8℃;平均每天日照时数3月6.7～8.4小时、4月7.6～9.1小时、5月8.3～9.8小时。

蒙东:2月中旬旬平均气温为-9.1～-6.3℃、下旬旬平均气温为-7.9～-5.0℃、3月月平均气温为-2.3～0.3℃、4月月平均气温为7.9～10.0℃;平均每天日照时数为8.5～9.1小时。

蒙中:从 4 月到 7 月,月平均气温分别为 4 月 4.8～10.3℃、5 月 12.1～17.2℃、6 月 17.2～21.8℃、7 月 19.3～23.7℃;平均每天日照时数 4 月 8.9～8.8 小时、5 月 8.8～9.8 小时、6 月 9.0～9.7 小时、7 月 8.2～9.0 小时。

蒙西:4 月到 6 月气温回升幅度较大。其中,河套灌区 4 月中旬旬平均气温为 9.5～10.6℃、下旬旬平均气温为 11.8～12.9℃、5 月月平均气温为 16.6～17.8℃、6 月上旬旬平均气温为 20.3～21.6℃、中旬旬平均气温为 21.5～22.7℃;期间平均每天日照时数为 8.9～10.6 小时。

(4)主要灾害

冀中南:低温冷冻害、低温寡照、大风、强降雪、连阴寡照、高温高湿等。

冀西北:低温冷冻害、大风等。

冀东北:低温冷冻害、连阴寡照、大风、高温高湿等。

晋　南:低温冷冻害、低温寡照、大风、强降雪等。

晋东南:高温高湿、连阴寡照、大风、光照强度过大、雨涝等。

晋　北:低温冷冻害、大风等。

蒙　东:低温冷冻害、大风、强降雪、高温高湿等。

蒙　中:高温高湿、大风、洪涝等。

蒙　西:高温高湿、大风等。

(5)管理注意事项

增强防冻保暖措施,增加无纺布,双层草苫覆盖等;加强透光管理,延长光照时间;通过通风严格控制好昼夜温度;阴天、浇水后注意通风排湿防病;注意及时放风排湿降温。

(6)主要病虫害

冀中南:晚疫病、早疫病、病毒病、叶霉病、灰霉病、绵疫病等病害;烟粉虱、白粉虱、蚜虫、红蜘蛛等虫害。

冀西北:灰霉病、霜霉病、疫病、叶霉病等病害;蚜虫、红蜘蛛、白粉虱等虫害。

冀东北:晚疫病、病毒病、灰霉病等病害。

晋南:霜霉病、角斑病、灰霉病等病害;白粉虱、蚜虫、螨虫等虫害。

晋东南:脐腐病、绵腐病、茎基腐病、灰霉病、病毒病、白粉病等病害;潜叶蝇等虫害。

晋北:灰霉病等病害。

蒙东:灰霉病、枯萎病、细菌性溃疡病、早疫病、晚疫病、叶霉病等病害;蚜虫、白粉虱等虫害。

蒙中:青枯病、早疫病、斑点病、炭疽病、白粉病、晚疫病等病害。

蒙西:灰霉病、早疫病、病毒病等病害;白粉虱等虫害。

(7)病虫害与气象条件的关系

晚疫病:当日温在18~22℃、夜温在10℃以上、空气相对湿度大于95%时,特别是在多雨、多雾、寡照、高湿或氮肥过多及栽培密度过大的情况下易发生,叶、茎、果均会受害。

早疫病:高温、高湿、田间结露利于发病。发病多从植株下部老叶开始,逐渐向上发展。昼夜温差大、连续阴雨、通风排水不良、植株生长衰败等,是该病发生、流行的主要原因。病菌发育适宜温度为26~28℃。

病毒病:高温干旱易发生病毒病。

叶霉病:低温、高湿是该病发生、流行的主要条件,湿度是其发生、流行的主要因素。气温为20~25℃,空气相对湿度在90%以上,病菌繁殖迅速,病情发生严重。种植过密、多年重茬、放风不及时、大水漫灌、湿度过大等都有利于该病发生。

灰霉病:低温、高湿是发病的主要条件,湿度是发病的关键。最适宜的温度为20~25℃,空气相对湿度在90%以上。植株种植过密、通风不畅、连阴天多、光照不足、放风不及时、湿度大,病害发生严重。

绵疫病:最适宜发病温度为30℃,空气相对湿度在85%以上。高温多雨、湿度大,为该病的发生创造了有利的条件。

脐腐病:土壤水分变动大,外界高温干燥,植物吸水力弱而蒸腾量增高,易发生脐腐病。

茎基腐病:菌丝在 2～32℃ 范围内均能生长,最适温度为 20℃,致死温度为 50℃;光照对菌丝生长影响较小。

　　白粉病:多发生在番茄生长中后期,病菌发育的最适温度为15～30℃。

　　枯萎病:一般在番茄开花期开始发病,主要为害根和茎。该病为真菌性病害,发病适宜温度为 24～30℃,土壤温度 28℃ 最适宜发病,土壤板结,透水性差时易发病。

　　细菌性溃疡病:病原菌初发适宜温度为 22～25℃,空气相对湿度为60%～70%;病原菌暴发适宜温度为 25～30℃,相对湿度在70%以上。

　　青枯病:病菌喜高温、高湿、偏酸性环境,发病最适温度为 30～37℃。常年连作、排水不畅、通风不良、土壤偏酸、钙磷缺乏、管理粗放、田间湿度大的田块发病较重。

　　斑点病:气温 20～25℃ 及连阴雨后的多湿条件易发病。

　　炭疽病:高温高湿条件易发病,发病最适温度在 24℃ 左右。

　　烟粉虱:在干热的天气条件下易暴发,在 25℃ 条件下,从卵发育到成虫需要 18～30 天。

　　白粉虱:发育的起点温度为 7.2℃,成虫最适温度为 25～30℃,温度高于 40.5℃ 成虫活动能力下降。

　　蚜虫:繁殖最佳温度为 16～22℃。一般施化肥多,氮素含量高,疯长、过嫩的植株蚜虫多。

　　红蜘蛛:干旱高温的环境适宜红蜘蛛的生长繁殖。生长和繁殖的最适温度为 29～31℃,空气相对湿度为 35%～55%。

　　螨虫:发育繁殖适温为 16～23℃,空气相对湿度为 80%～90%。

　　潜叶蝇:属温度敏感型害虫,生长发育适温为20～30℃。

参考文献

百度百科. 2013. 番茄褐色根腐病[OL]. [2013-12-29]. http://baike. baidu. com/view/5655058. htm.

百度百科. 2014. 番茄青枯病[OL]. [2014-07-10]. http://baike. baidu. com/ link? url = 45nsbTy1 _ AmrkP2FpwizxZMluJ-uOSyi6jz84KRJv0sSBmz7-P9nMeSlF_R11wLuWDV13QoSRw-SO1MB2gVUka.

百度文库. 2010. 蔬菜病虫防治茄科 — 番茄病害(2)[OL]. [2010-11-12]. http://wenku. baidu. com/view/94335dc4bb4cf7ec4afed004. html.

丁跃林,张莉. 2001. 温室蔬菜茶黄螨的发生与防治[J]. 河北农业科技,(2):19.

道客巴巴. 2012. 番茄病虫害防治[OL]. [2012-12-05]. http://www. doc88. com/p-315762585776. html.

甘肃农业大学. 2009. 蔬菜害虫[OL]. [2009-06-04]. http://jiaowu. gsau. edu. cn/good/nykchx/jiaoan/7. htm.

高永利. 2009. 番茄绵疫病综合防治措施[J]. 西北园艺(蔬菜专刊),(4):37.

冯淑春,曹华,藏敏红. 2011. 日光温室秋冬茬番茄管理五要点[J]. 农民致富之 友,(23):14.

郭昆. 2012. 日光温室冬春茬番茄高产栽培技术[J]. 农业科技与装备,(6):73-74.

和龙农业局. 2013. 番茄低温障碍[OL]. [2013-05-23]. http://www. jlagri. gov. cn/Html/2013_05_23/102225_102353_2013_05_23_170383. html.

李翠霞. 2011. 番茄猝倒病[OL]. [2011-12-01]. http://www. farmers. org. cn/ Article/ShowArticle. asp? ArticleID=146482.

李荣刚,李春宁,胡木强,等. 2004. 河北设施农业技术模式 1000 例[M]. 石家 庄:河北科学技术出版社.

雷建新. 2012. 陕西洋县日光温室冬春茬番茄无公害生产技术[J]. 长江蔬菜, (11):41-43.

刘志恒,马家瑞,杨红,等. 2010. 番茄茎基腐病病原菌的生物学特性[J]. 植物保 护,(2):94-97.

马占元. 1997. 日光温室实用技术大全[M]. 石家庄:河北科学技术出版社.

穆仕超,周哲建,刘娟. 2006. 修文县延晚番茄生产的气候适应性分析[J]. 中国 农业气象,**27**(2):107-110.

孟庆青,郭海鹏. 2013. 日光温室番茄秋冬茬无公害栽培技术[J]. 西北园艺, (7):21.

孟庆果. 2011. 早春茬番茄棚室高产栽培管理要点[J]. 农业工程技术(温室园 艺),(12):42.

王秀峰,刘霄. 2011. 棚室黄瓜主要害虫的发生与防治[J]. 上海蔬菜,(6):55-56.

吴俐. 2012. 番茄溃疡病的发生规律及防治技术[J]. 安徽农学通报,(22):36-37.

吴亮亮.2013.西红柿病虫害发生特点及防治方法[J].农民致富之友,(19);71.

魏荣彬.2013.日光温室秋冬番茄栽培技术[J].蔬菜,(3);10-11.

徐建国,范惠,杨恩华,等.2002.烟粉虱的危害及防治对策[J].蔬菜,(9);24-25.

杨波,吉海军,杨晶.2012.温室大棚西红柿立枯病防治要点[J].吉林农业,
　　(6);75.

姚淑娟,王锐竹,李海燕,等.2013.日光温室冬春茬番茄套种生菜—夏秋茬黄瓜
　　高效栽培模式[J].中国蔬菜,(17);60-62.

张杰,庄严,崔海霞,张作金.2012.秋冬茬番茄高效栽培技术[J].现代农业科
　　技,(22);81-83.

周克清.2011.日光温室冬春茬番茄高产高效栽培技术[J].蔬菜,(3);8-9.

中国蔬菜网.2014.蕃茄棉铃虫[OL].[2014-07-01].http://www.vegnet.com.
　　cn/Disease/79.

中国江西创业网.2006.菜青虫的生活习性及防治技术[OL].[2006-06-19].ht-
　　tp://www.jxgdw.com/jxgd/jxcy/qmcy/nmcy/sytj/userobject1ai651789.
　　html.

张植敏.2011.番茄病害防治(1)[OL].[2011-06-03].http://wenku.baidu.
　　com/view/941ba2a4f524ccbff1218403.html.

第 **3** 章

日光温室西葫芦气象服务基础

3.1 秋冬茬西葫芦

3.1.1 播种育苗期

播种~3叶1心或4叶1心。

(1)时间

  冀中南:8月上中旬。

  冀西北:8月中旬—9月中旬。

  冀东北:一般无秋冬茬西葫芦种植。

  晋　南:一般无秋冬茬西葫芦种植。

  晋东南:9月上旬—10月上旬。

  晋　中:8月上旬—9月上旬。

  晋　北:一般无秋冬茬西葫芦种植。

  蒙　东:一般无秋冬茬西葫芦种植。

  蒙　中:7月上旬—8月上旬。

  蒙　西:7月上旬。

(2)适宜的气象条件

播后到出苗前温室内白天温度控制在 20~25℃,夜间 14~16℃。出苗后应降低温度以防徒长,白天应保持 20~25℃,夜间 10~15℃,从子叶展开到第 1 片真叶时期,宜降低夜间温度,保持白天 20℃、夜间 10~13℃,定植前 10 天要加大通风量,降温炼苗,夜间保持在 5~8℃。

（3）此期天气特点

冀中南：旬平均气温 8 月上旬 25.8～27.2℃、8 月中旬 24.7～26.0℃；平均每天日照时数 8 月上旬 5.4～7.8 小时、8 月中旬 5.8～7.5 小时。

冀西北：旬平均气温由 8 月中旬的 18.0～23.3℃、下旬的 16.5～22.0℃、9 月上旬的 14.3～20.0℃，到 9 月中旬的 12.2～17.9℃；平均每天日照时数 7.5～8.8 小时。

晋东南：9 月月平均气温为 15.0～18.4℃、10 月上旬旬平均气温为 11.4～14.6℃；平均每天日照时数 9 月 5.3～6.6 小时、10 月上旬 5.6～6.8 小时。

晋中：8 月月平均气温为 18.4～22.6℃、9 月上旬旬平均气温为 15.2～19.9℃；平均每天日照时数由 8 月的 6.3～7.4 小时，到 9 月上旬的 5.7～7.1 小时。

蒙中：旬平均气温由 7 月上旬的 19.1～23.5℃、中旬的 19.5～23.9℃、下旬的 19.4～23.6℃，到 8 月上旬的 18.6～22.7℃；平均每天日照时数为 8.2～9.0 小时。

蒙西：河套灌区 7 月上旬旬平均气温 22.7～23.5℃；平均每天日照时数 9.3～10.1 小时。

（4）主要灾害

冀中南：光照强度过大、高温高湿、雨涝、连阴寡照、大风等。

冀西北：风雹、洪涝、大风等。

晋东南：高温高湿、连阴寡照、大风等。

晋　中：光照强度过大、高温高湿、雨涝、连阴寡照、大风等。

蒙　中：风雹、大风等。

蒙　西：风雹、大风等。

（5）管理注意事项

遮荫防雨、防高温；降雨时搭防雨棚；幼苗期要尽量控水蹲苗，以使植株健壮，一般不旱不浇水，干旱时及时补充水分。

（6）主要病虫害

冀中南：病毒病、白粉病等病害。

冀西北：病害较少,易发生蚜虫、红蜘蛛、潜叶蝇、白粉虱等虫害。

晋东南：猝倒病、白粉病等病害。

晋中：白粉病等病害。

蒙中：白粉病、灰霉病等病害。

蒙西：白粉病等病害;潜叶蝇等虫害。

(7)病虫害与气象条件的关系

病毒病：高温、干旱、光照强的条件下发病较重。

白粉病：发病的温度范围在 10～25℃,最适温度 20～25℃,一般夜间低温、早晨植株上结露水,管理粗放,发病严重。

灰霉病：阴雨天气较多,光照不足,气温偏低,温室内空气相对湿度在 90% 以上,结露持续时间长,放风不及时是灰霉病发生蔓延的重要条件。

红蜘蛛：高温低湿是红蜘蛛的最佳发育条件。一般干旱条件下发生严重。

潜叶蝇：成虫适温为 16～18℃,幼虫适温为 20℃左右。

白粉虱：繁殖速度快,温室内 1 年可完成 10 代,在 26℃条件下,完成 1 代约需 25 天。

3.1.2 定植期

(1)时间

　　　　冀中南:9 月上中旬。

　　　　冀西北:9 月下旬—10 月中旬。

　　　　晋东南:10 月中旬—10 月下旬。

　　　　晋　中:9 月中旬—9 月下旬。

　　　　蒙　中:8 月中旬。

　　　　蒙　西:7 月下旬。

(2)适宜的气象条件

定苗后白天保持在 23～30℃,夜间保持 15℃左右。

（3）此期天气特点

冀中南：旬平均气温 9 月上旬 21.6～23.3℃、9 月中旬 19.6～21.6℃；平均每天日照时数 9 月上旬 5.8～7.6 小时、9 月中旬 6.0～7.7 小时。

冀西北：旬平均气温由 9 月下旬的 10.1～15.8℃、10 月上旬的 10.3～13.5℃，到 10 月中旬的 5.2～10.9℃；平均每天日照时数为 7.3～8.4 小时。

晋东南：旬平均气温 10 月中旬 9.3～12.6℃、10 月下旬 7.1～10.5℃；平均每天日照时数 10 月中旬 5.1～6.2 小时、10 月下旬 6.7～8.0 小时。

晋中：旬平均气温分别为 9 月中旬 13.3～18.1℃、下旬为 11.3～16.2℃；平均每天日照时数 9 月中旬 5.4～7.2 小时、下旬 5.6～7.3 小时。

蒙中：8 月中旬旬平均气温 17.8～21.5℃；平均每天日照时数 8.1～8.5 小时。

蒙西：河套灌区 7 月下旬平均气温 23.6～24.5℃；平均每天日照时数 10.1～11.0 小时。

（4）主要灾害

冀中南：高温高湿、连阴寡照、大风等。

冀西北：风雹、洪涝、大风等。

晋东南：高温高湿、连阴寡照、大风等。

晋　中：高温高湿、连阴寡照、大风等。

蒙　中：风雹、大风等。

蒙　西：风雹、大风等。

（5）管理注意事项

注意放风，下雨及时覆盖。锄划控水防徒长。注意通风降湿。

（6）主要病虫害

冀中南：病毒病、白粉病等病害。

冀西北：霜霉病、疫病等病害；蚜虫、红蜘蛛、白粉虱、潜叶蝇等虫害。

晋东南：灰霉病、白粉病等病害。

晋中：病毒病、灰霉病等病害。

蒙中：白粉病、灰霉病等病害。

蒙西：病毒病等病害。

（7）病虫害与气象条件的关系

病毒病：高温、干旱、光照强的条件下发病严重。

白粉病：发病的温度范围在 10～25℃，最适温度为 20～25℃，一般夜间低温、早晨植株上结露水，管理粗放，发病严重。

灰霉病：阴雨天气较多，光照不足，气温偏低，温室内空气相对湿度在 90％以上，结露持续时间长，放风不及时是灰霉病发生蔓延的重要条件。

霜霉病：当气温在 20～24℃时，空气相对湿度在 85％以上，叶面有水珠时，易发病。

疫病：适宜发病的温度为 28～30℃，叶面有水滴存在的情况下，易发病。

红蜘蛛：高温低湿是红蜘蛛的最佳发育条件。一般干旱条件下发生严重。

潜叶蝇：成虫适温为 16～18℃，幼虫适温为 20℃左右。

白粉虱：繁殖速度快，温室内 1 年可完成 10 代，在 26℃条件下，完成 1 代约需 25 天。

3.1.3　花果期

（1）时间

　　　　　冀中南：10 月中下旬—翌年 1 月上中旬。

　　　　　冀西北：10 月下旬—翌年 2 月。

　　　　　晋东南：12 月—翌年 5 月。

　　　　　晋　中：10 月上旬—翌年 1 月上旬。

　　　　　蒙　中：9 月上旬—12 月。

　　　　　蒙　西：9 月中旬—12 月上旬。

（2）适宜的气象条件

最适宜的温度白天为 20～25℃，不超过 28℃，夜间 15～12℃。

（3）此期天气特点

冀中南：月平均气温由 10 月的 12.8～15.3℃、11 月的 3.8～7.0℃、12 月的 －2.5～1.0℃，到 1 月的 －4.6～－0.9℃；平均每天日照时数 10 月 5.8～7.2 小时、11 月 4.9～6.2 小时、12 月 4.5～5.9 小时、1 月 4.6～6.3 小时。

冀西北：从 10 月到翌年 2 月，月平均气温分别为 10 月 4.9～10.6℃、11 月 －4.6～1.6℃、12 月 －8.7～－5.0℃、1 月 －10.8～－7.0℃、2 月 －10.0～－3.3℃；平均每天日照时数 10 月 7.3～7.8 小时、11 月 6.3～7.2 小时、12 月 5.6～6.3 小时、1 月 6.2～6.8 小时、2 月 6.8～7.5 小时。

晋东南：从 12 月到翌年 5 月，月平均气温分别为 12 月 －4.5～－0.3℃、1 月 6.3～2.2℃、2 月 －2.5～0.9℃、3 月 2.6～6.4℃、4 月 9.9～13.7℃、5 月 15.4～18.9℃；平均每天日照时数 12 月 5.3～6.5 小时、1 月 5.4～6.6 小时、2 月 5.2～6.2 小时、3 月 6.0～7.3 小时、4 月 7.2～8.6 小时、5 月 7.8～9.4 小时。

晋中：月平均气温由 10 月的 10.7℃，到 11 月的 2.7℃、12 月的 －3.7℃、1 月的 －5.5℃；平均每天日照时数由 10 月的 6.7 小时，到 11 月的 6.1 小时、12 月的 5.8 小时、1 月的 6.0 小时。

蒙中：月平均气温 9 月 13.5～17.9℃、10 月 6.0～12.0℃、11 月 －4.4～2.0℃、12 月 －10.9～－5.6℃；平均每天日照时数由 9 月上旬的 8.3 小时，到 12 月下旬的 5.7 小时。

蒙西：河套灌区 9 月中旬旬平均气温为 15.3～16.3℃、下旬旬平均气温为 13.1～14.3℃、10 月月平均气温为 8.2～9.0℃、11 月月平均气温为 －1.3～0.5℃、12 月上旬旬平均气温为 －8.2～－5.6℃；期间平均每天日照时数在 6.8～10.2 小时之间变化。

（4）主要灾害

冀中南：连阴寡照、大风、强降雪、低温冷冻害、低温寡照等。

冀西北：低温冷冻害、大风、强降雪等。

晋东南：低温冷冻害、强降雪、低温寡照、大风、连阴寡照、高温高湿等。

晋　　中：低温寡照、大风、低温冷冻害、强降雪等。

蒙　　中：大风、高温高湿、低温冷冻害、强降雪、低温寡照等。

蒙　　西：大风、高温高湿、低温冷冻害、强降雪等。

（5）管理注意事项

注意加强放风以防高温危害；低温期加强保温；低温寡照时期，白天应达到20℃以上，夜间12℃以上。雪天加固拱架，及时清除积雪，风天加固草苫和棚膜。

（6）主要病虫害

冀中南：灰霉病等病害。

冀西北：霜霉病、疫病、灰霉病等病害；蚜虫、红蜘蛛、潜叶蝇、白粉虱等虫害。

晋东南：灰霉病、病毒病、白粉病等病害；白粉虱、潜叶蝇等虫害。

晋中：病毒病、灰霉病等病害。

蒙中：白粉病、灰霉病、绵腐病、软腐病等病害。

蒙西：白粉病等病害；潜叶蝇等虫害。

（7）病虫害与气象条件的关系

病毒病：高温、干旱、光照强的条件下发病严重。

白粉病：发病的温度范围在10～25℃，最适温度为20～25℃，一般夜间低温、早晨植株上结露水，管理粗放，发病严重。

灰霉病：阴雨天气较多，光照不足，气温偏低，温室内空气相对湿度在90％以上，结露持续时间长，放风不及时是灰霉病发生蔓延的重要条件。

霜霉病：当气温在20～24℃时，空气相对湿度在85％以上，叶面有水珠时，易发病。

疫病：适宜发病的温度为28～30℃，叶片有水滴存在的情况下，易发病。

绵腐病：土温低、高湿时利于发病。

软腐病:病菌生长最适温度为 25～30℃,40℃ 以上不能生长。

红蜘蛛:高温低湿是红蜘蛛的最佳发育条件。一般干旱条件下发生严重。

潜叶蝇:成虫适温为 16～18℃,幼虫适温为 20℃左右。

白粉虱:繁殖速度快,温室内 1 年可完成 10 代,在 26℃条件下,完成 1 代约需 25 天。

菜青虫:温度为 20～25℃,空气相对湿度为 76％左右,最适宜菜青虫发育。

3.2　越冬茬西葫芦

3.2.1　播种育苗期

播种～3 叶 1 心或 4 叶 1 心。

(1)时间

冀中南:10 月份。

冀东北:10 月上旬—11 月上旬。

冀西北:8 月中旬—9 月中旬。

晋　南:10 月上旬。

晋东南:10 月。

晋　中:9 月下旬。

晋　北:7 月上旬—7 月下旬。

蒙　东:一般无越冬茬西葫芦种植。

蒙　中:一般无越冬茬西葫芦种植。

蒙　西:8 月中旬。

(2)适宜的气象条件

播后白天 28～30℃,夜间 18～20℃,幼苗出土后,及时降温,白天 20～25℃,夜间 10～15℃。真叶开始生长后,可适当提高苗床温度,白天 22～28℃,夜间 15℃左右。

（3）此期天气特点

冀中南：10 月月平均气温为 12.8～15.3℃；平均每天日照时数为 5.8～7.2 小时。

冀西北：旬平均气温由 8 月中旬的 18.0～23.3℃、下旬的 16.5～22.0℃、9 月上旬的 14.3～20.0℃，到 9 月中旬的 12.2～17.9℃；平均每天日照时数 7.5～8.8 小时。

冀东北：旬平均气温为 10 月上旬 10.9～16.6℃、中旬 8.3～13.8℃、下旬 5.3～10.9℃、11 月上旬 1.9～8.0℃；期间平均每天日照时数 6.4～7.7 小时。

晋南：10 月上旬旬平均气温 15.0～17.0℃；平均每天日照时数 5.1～5.7 小时。

晋东南：10 月月平均气温为 9.2～12.5℃；平均每天日照时数为 5.5～7.0 小时。

晋中：9 月下旬旬平均气温为 11.3～16.2℃；平均每天日照时数为 5.6～7.3 小时。

晋北：旬平均气温 7 月上旬 19.5～24.7℃、7 月中旬 19.7～24.9℃、7 月下旬 19.8～25.0℃；平均每天日照时数 7 月上旬 7.3～9.3 小时、7 月中旬 7.2～9.0 小时、7 月下旬 7.1～9.5 小时。

蒙西：河套灌区 8 月中旬旬平均气温为 20.9～22.1℃，平均每天日照时数为 8.1～9.3 小时。

（4）主要灾害

冀中南：连阴寡照、大风等。

冀西北：风雹、洪涝、大风等。

冀东北：连阴寡照、大风等。

晋　南：连阴寡照、大风等。

晋东南：连阴寡照、大风等。

晋　中：高温高湿、连阴寡照、大风等。

晋　北：风雹、大风、洪涝、霜冻等。

蒙　西：风雹、大风、高温高湿等。

（5）管理注意事项

注意防雨,后期注意防早霜危害。

（6）主要病虫害

冀中南:白粉病等病害。

冀西北:病害较少,易发生蚜虫、红蜘蛛、潜叶蝇、白粉虱等虫害。

冀东北:白粉虱、蚜虫等虫害。

晋南:病毒病、茎基腐病、疫病等病害;白粉虱、蚜虫等虫害。

晋东南:猝倒病、白粉病等病害。

晋中:白粉病等病害。

晋北:早疫病、晚疫病等病害。

蒙西:病毒病等病害。

（7）病虫害与气象条件的关系

病毒病:高温、干旱、光照强的条件下发病严重。

白粉病:发病的温度范围在 $10\sim25℃$,最适温度为 $20\sim25℃$,一般夜间低温、早晨植株上结露水,管理粗放,发病严重。

疫病:适宜发病的温度为 $28\sim30℃$,叶面有水滴存在的情况下,易发病。

茎基腐病:高湿低温寡照利于病害发生。

红蜘蛛:高温低湿是红蜘蛛的最佳发育条件。一般干旱条件下发生严重。

潜叶蝇:成虫适温为 $16\sim18℃$,幼虫适温为 $20℃$左右。

白粉虱:繁殖速度快,温室内 1 年可完成 10 代,在 $26℃$条件下,完成 1 代约需 25 天。

3.2.2　定植期

（1）时间

　　　　冀中南:11 月上旬。

　　　　冀西北:9 月下旬—10 月下旬。

　　　　冀东北:11 月中旬—12 月上旬。

晋　　南:11月上旬。

晋东南:11月中旬。

晋　　中:11月上旬。

晋　　北:8月上旬—8月下旬。

蒙　　西:9月上旬。

（2）适宜的气象条件

定植后提高温室内的温度,这时白天气温可提高到 25～32℃、夜间 15～20℃,以便快速缓苗。缓苗后应适当降低温度,白天控制在 22～26℃、夜间 12～16℃。

（3）此期天气特点

冀中南:11 月上旬旬平均气温为 6.9～10.3℃;平均每天日照时数为 5.5～6.7 小时。

冀西北:旬平均气温由 9 月下旬的 10.1～15.8℃、10 月上旬的 10.3～13.5℃、中旬的 5.2～10.9℃,到下旬的 2.0～7.8℃;平均每天日照时数 7.3～8.4 小时。

冀东北:旬平均气温为 11 月中旬－2.0～4.3℃、下旬－4.7～2.0℃、12 月上旬－7.4～－0.1℃;平均每天日照时数 11 月中旬 5.7～7.1 小时、12 月上旬 5.1～6.5 小时。

晋南:旬平均气温 11 月上旬 7.7～10.0℃;平均每天日照时数 5.4～6.1 小时。

晋东南:11 月中旬旬平均气温 1.6～5.1℃;平均每天日照时数 5.5～6.6 小时。

晋中:11 月上旬旬平均气温 2.2～7.8℃;平均每天日照时数 5.8～7.2 小时。

晋北:旬平均气温 8 月上旬 19.1～24.1℃、8 月中旬 17.6～22.4℃、8 月下旬 16.3～21.3℃;平均每天日照时数 8 月上旬 6.6～8.4 小时、8 月中旬 6.7～8.4 小时、8 月下旬 7.4～9.6 小时。

蒙西:河套灌区 9 月上旬旬平均气温为 17.6～18.6℃;平均每天日照时数为 8.7～9.3 小时。

（4）主要灾害

冀中南：强降雪、低温寡照、大风等。

冀西北：低温冷冻害、大风等。

冀东北：强降雪、低温寡照、大风、低温冷冻害等。

晋　　南：低温寡照、大风等。

晋东南：低温寡照、大风等。

晋　　中：低温寡照、大风等。

晋　　北：大风等。

蒙　　西：大风、高温高湿等。

（5）管理注意事项

一般在晴天上午进行定植。及时通风降温降湿。注意大风天气及时加固棚膜草苫，防风害。白天注意通风，夜间注意关闭风口以防寒。在保证适宜温度的前提下要早揭晚盖草苫，尽量延长光照时间，以促根壮苗为重点。

（6）主要病虫害

冀中南：病毒病、白粉病等病害。

冀西北：霜霉病、疫病等病害；蚜虫、红蜘蛛、潜叶蝇、白粉虱等虫害。

冀东北：病毒病等病害；蚜虫、白粉虱等虫害。

晋南：霜霉病等病害。

晋东南：灰霉病、白粉病等病害。

晋中：病毒病、灰霉病等病害。

晋北：早疫病、晚疫病等病害。

蒙西：白粉病等病害。

（7）病虫害与气象条件的关系

病毒病：高温、干旱、光照强的条件下发病严重。

白粉病：发病的温度范围在 10～25℃，最适温度为 20～25℃，一般夜间低温、早晨植株上结露水，管理粗放，发病严重。

灰霉病：阴雨天气较多，光照不足，气温偏低，温室内空气相对湿度在 90% 以上，结露持续时间长，放风不及时是灰霉病发生蔓延的重要条件。

霜霉病:当气温在 20～24℃时,空气相对湿度在 85％以上,叶面有水珠时,易发病。

疫病:适宜发病的温度为 28～30℃,叶面有水滴存在的情况下,易发病。

红蜘蛛:高温低湿是红蜘蛛的最佳发育条件。一般干旱条件下发生严重。

潜叶蝇:成虫适温为 16～18℃,幼虫适温为 20℃左右。

白粉虱:繁殖速度快,温室内 1 年可完成 10 代,在 26℃条件下,完成 1 代约需 25 天。

3.2.3 花果期

(1)时间

> 冀中南:12 月中下旬—翌年 5 月。
>
> 冀西北:10 月下旬—翌年 3 月。
>
> 冀东北:12 月中旬—翌年 5 月。
>
> 晋 南:12 月中旬—翌年 5 月下旬。
>
> 晋东南:11 月上旬—翌年 5 月下旬。
>
> 晋 中:11 月中旬—翌年 5 月下旬。
>
> 晋 北:8 月下旬—翌年 1 月下旬。
>
> 蒙 西:10 月下旬—翌年 5 月下旬。

(2)适宜的气象条件

开始坐果后,白天 25～28℃、夜间 15～18℃,若遇低温寡照,温度宜从低掌握,白天可降到 22～25℃、夜间 10～12℃,以减少呼吸消耗;连阴天过后,逐渐提高温度、增加光照、促秧生长,但白天温度最高不超过 30℃,夜间不得低于 10℃,昼夜温差不得小于 8℃。

(3)此期天气特点

冀中南:月平均气温 12 月－2.5～1.0℃、1 月－4.6～－0.9℃、2 月－1.1～2.7℃、3 月 5.5～8.5℃、4 月 13.8～16.1℃、5 月 19.6～21.7℃;平均每天日照时数 12 月 4.5～5.9 小时、1 月 4.6～6.3 小

时、2月 5.3～7.0 小时、3月 6.1～7.7 小时、4月 7.4～8.7 小时、5月 7.5～9.1 小时。

冀西北:从 10 月到翌年 3 月,月平均气温分别为 10 月 4.9～10.6℃、11月-4.6～1.6℃、12 月-8.7～-5.0℃、1 月-10.8～-7.0℃、2 月-10.0～-3.3℃、3 月-2.4～3.4℃;平均每天日照时数 10 月 7.3～7.8 小时、11 月 6.3～7.2 小时、12 月5.6～6.3 小时、1 月 6.2～6.8 小时、2 月 6.8～7.5 小时、3 月 7.3～8 小时。

冀东北:从 12 月中旬到翌年 5 月,12 月中旬旬平均气温为-9.3～-1.9℃、12 月下旬旬平均气温为-10.3～-3.0℃、1 月月平均气温为-10.9～-4.3℃、2 月月平均气温为-6.5～-1.1℃、3月月平均气温为 1.0～5.5℃、4 月月平均气温为 10.1～13.9℃、5月月平均气温为 16.4～19.8℃;平均每天日照时数 12 月中旬 5.3～6.9 小时、12 月下旬5.0～6.5 小时、1 月 5.7～7.0 小时、2 月 6.4～7.5 小时、3 月 7.0～8.2 小时、4 月 7.6～8.9 小时、5 月 7.9～9.2 小时。

晋南:从 12 月到翌年 5 月,月平均气温分别为 12 月-1.3～1.6℃、1 月-2.9～-0.2℃、2 月 0.8～3.5℃、3 月 6.4～9.0℃、4 月 13.6～15.9℃、5 月 19.0～21.3℃;平均每天日照时数 12 月 4.8～5.6 小时、1 月 4.7～5.5 小时、2 月 4.5～5.3 小时、3 月 5.4～6.1 小时、4 月 6.5～7.3 小时、5 月 7.2～8.0 小时。

晋东南:从 11 月到翌年 5 月,月平均气温分别为 11 月 1.9～5.6℃、12 月-4.5～-0.3℃、翌年 1 月 6.3～2.2℃、2 月-2.5～0.9℃、3 月 2.6～6.4℃、4 月 9.9～13.7℃、5 月 15.4～18.9℃;平均每天日照时数 11 月 5.6～6.8 小时、12 月 5.3～6.5 小时、1 月 5.4～6.6 小时、2 月 5.2～6.2 小时、3 月6.0～7.3 小时、4 月 7.2～8.6 小时、5 月7.8～9.4 小时。

晋中:从 11 月到翌年 5 月,月平均气温分别为 11 月-0.9～4.8℃、12 月-7.4～-1.1℃、1 月-9.5～-3.2℃、2 月-5.3～-0.3℃、3 月 1.2～5.6℃、4 月8.8～13.3℃、5 月 14.3～19.3℃;平均每天日照时数 11 月 5.5～6.9 小时、12 月 5.1～6.8 小时、1 月

5.2～6.9 小时、2 月 5.2～6.5 小时、3 月 6.2～7.6 小时、4 月 7.3～8.4 小时、5 月 8.0～9.3 小时。

晋北：平均气温由 8 月下旬的 16.3～21.3℃、9 月的 13.5～17.4℃、10 月的 4.9～10.2℃，到 11 月的 −4.3～1.5℃、12 月的 −11.7～−5.4℃、翌年 1 月的 −9.1～−3.2℃；平均每天日照时数由 9 月的 5.6～6.7 小时、10 月的 5.9～7.4 小时、11 月的 5.5～6.9 小时、12 月的 5.0～6.8 小时，到 1 月的 5.2～6.9 小时。

蒙西：河套灌区从 11 月到翌年 5 月，月平均气温分别为 11 月 −1.6～−0.4℃、12 月 −10.1～−7.2℃、1 月 −12.6～−9.7℃、2 月 −8.0～−5.7℃、3 月 0.2～1.4℃、4 月 8.7～10.2℃、5 月 16.3～17.5℃；平均每天日照时数 11 月 7.2～7.8 小时、12 月 6.5～7.2 小时、1 月 6.9～7.6 小时、2 月 7.6～8.2 小时、3 月 8.3～9.0 小时、4 月 9.2～10.0 小时、5 月 10.0～10.8 小时。

（4）主要灾害

冀中南：低温冷冻害、强降雪、低温寡照、大风、连阴寡照、高温高湿等。

冀西北：低温冷冻害、大风、强降雪等。

冀东北：低温冷冻害、强降雪、低温寡照、大风、连阴寡照、高温高湿等。

晋　　南：低温冷冻害、强降雪、低温寡照、大风、连阴寡照、高温高湿等。

晋东南：低温冷冻害、低温寡照、大风、强降雪等。

晋　　中：低温冷冻害、强降雪、低温寡照、大风、连阴寡照、高温高湿等。

晋　　北：低温冷冻害、大风等。

蒙　　西：低温冷冻害、大风、强降雪、高温高湿等。

（5）管理注意事项

在严冬不能过多放风的情况下，空气湿度不易降下来，首先要有效地控制地面水分蒸发，方法是地面要覆盖地膜，在膜下暗灌。一般在浇水后要抢时间放风。空气湿度大时，也要在温度条件允许的情况下,争取在中午前后放一阵风,以排除空气中的水汽。大风前及时加固草苫和棚膜,大雪天加固棚架,及时除去积雪。连阴天注意应用烟剂防病。

（6）主要病虫害

冀中南:灰霉病等病害。

冀西北:霜霉病、疫病、灰霉病等病害;蚜虫、红蜘蛛、潜叶蝇、白粉虱等虫害。

冀东北:病毒病、白粉病、灰霉病等病害;蚜虫等虫害。

晋南:霜霉病等病害。

晋东南:灰霉病、病毒病、白粉病等病害;白粉虱、潜叶蝇等虫害;。

晋中:病毒病、灰霉病、白粉病等病害。

晋北:早疫病、晚疫病等病害。

蒙西:白粉病、灰霉病等病害;潜叶蝇、白粉虱等虫害。

（7）病虫害与气象条件的关系

病毒病:高温、干旱、光照强的条件下发病严重。

白粉病:发病的温度范围在 $10\sim25℃$,最适温度为 $20\sim25℃$,一般夜间低温、早晨植株上结露水,管理粗放,发病严重。

疫病:适宜发病的温度为 $28\sim30℃$,叶面有水滴存在的情况下,易发病。

灰霉病:阴雨天气较多,光照不足,气温偏低,温室内空气相对湿度在 90% 以上,结露持续时间长,放风不及时是灰霉病发生蔓延的重要条件。

霜霉病:当气温在 $20\sim24℃$ 时,空气相对湿度在 85% 以上,叶面有水珠时,易发病。

红蜘蛛:高温低湿是红蜘蛛的最佳发育条件。一般干旱条件下发生严重。

潜叶蝇:成虫适温为 $16\sim18℃$,幼虫适温为 $20℃$ 左右。

白粉虱:繁殖速度快,温室内 1 年可完成 10 代,在 $26℃$ 条件下,完成 1 代约需 25 天。

3.3 冬春茬西葫芦

3.3.1 播种育苗期

播种～3叶1心或4叶1心。

（1）时间

冀中南：11月下旬—12月上中旬。

冀西北：3月下旬—4月下旬。

冀东北：一般无早春茬西葫芦种植。

晋　南：12月上旬。

晋东南：1—2月。

晋　中：12月下旬。

晋　北：10月上旬—11月中旬。

蒙　东：一般无早春茬西葫芦种植。

蒙　中：2月上旬—3月上旬。

蒙　西：12月下旬。

（2）适宜的气象条件

气温白天25～30℃，出苗后到第一片真叶展开时，适当降温至20～25℃，夜间保持10～15℃。定植前进行低温管理，白天应在15～20℃，夜间8～12℃，最低可降至5℃。

（3）此期天气特点

冀中南：旬平均气温11月下旬1.1～4.4℃、12月上旬-1.0～2.3℃、12月中旬-2.7～0.9℃；平均每天日照时数11月下旬4.1～5.7小时、12月上旬4.6～5.9小时、12月中旬4.3～5.9小时。

冀西北：旬平均气温3月下旬0.2～5.8℃、4月上旬4.1～9.9℃、中旬6.5～12.4℃、下旬8.3～14.2℃；平均每天日照时数7.3～9.2小时。

晋南：12月上旬旬平均气温为0.1～2.8℃；平均每天日照时数4.9～5.6小时。

晋东南：从 1 月到 2 月,月平均气温分别为 1 月 6.3～2.2℃、2 月－2.5～0.9℃;平均每天日照时数 1 月 5.4～6.6 小时、2 月 5.2～6.2 小时。

晋中：12 月下旬旬平均气温－8.4～－2.2℃;平均每天日照时数 5.2～7.2 小时。

晋北：旬平均温度为 10 月上旬 7.8～13.0℃、10 月中旬 5.2～10.5℃、10 月下旬 1.9～7.4℃、11 月上旬－1.0～4.8℃、11 月中旬－4.8～1.1℃;平均每天日照时数为 10 月上旬 6.6～7.9 小时、10 月中旬 6.2～7.8 小时、10 月下旬 7.3～8.6 小时、11 月上旬 6.3～7.5 小时、11 月中旬 5.7～7.1 小时。

蒙中：旬平均气温由 2 月上旬的－19.7～－1.3℃,到 2 月中旬的－9.0～3.7℃、2 月下旬的－9.4～－3.6℃、3 月上旬的－7.3～－1.6℃;期间平均每天日照时数在 7.0～7.7 小时之间变化。

蒙西：河套灌区 12 月下旬旬平均气温－11.5～－8.5℃,平均每天日照时数在 6.5～8.7 小时之间变化。

(4)主要灾害

冀中南：强降雪、低温寡照、低温冷冻害、大风等。

冀西北：低温冷冻害、大风等。

晋　南：低温冷冻害、强降雪、低温寡照、大风等。

晋东南：低温冷冻害、大风、强降雪、低温寡照等。

晋　中：大风、低温冷冻害、强降雪、低温寡照等。

晋　北：低温冷冻害、强降雪、大风等。

蒙　中：低温冷冻害、强降雪、大风、低温寡照等。

蒙　西：低温冷冻害、大风、强降雪等。

(5)管理注意事项

苗期进行低温锻炼和进行短日照处理,提高苗床温度,补充光照时间。在满足作物生长所需温度下限的情况下,尽可能让其多见光,勿使温室内温度太高;晴朗高温期要注意通风降温、排湿,防止夜温过高。

（6）主要病虫害

冀中南：猝倒病等病害。

冀西北：病害较少，易发生蚜虫、红蜘蛛、潜叶蝇、白粉虱等虫害。

晋南：霜霉病、灰霉病等病害；白粉虱、蚜虫、螨虫等虫害。

晋东南：猝倒病、白粉病等病害。

晋中：病毒病、灰霉病、白粉病等病害。

晋北：早疫病、晚疫病等病害。

蒙西：猝倒病等病害。

（7）病虫害与气象条件的关系

病毒病：高温、干旱、光照强的条件下发病严重。

白粉病：发病的温度范围在 10～25℃，最适温度为 20～25℃，一般夜间低温、早晨植株上结露水，管理粗放，发病严重。

疫病：适宜发病的温度为 28～30℃，叶面有水滴存在的情况下，易发病。

灰霉病：阴雨天气较多，光照不足，气温偏低，温室内空气相对湿度在 90％以上，结露持续时间长，放风不及时是灰霉病发生蔓延的重要条件。

霜霉病：当气温在 20～24℃时，空气相对湿度在 85％以上，叶面有水珠时，易发病。

猝倒病：苗床浇水过多、湿度过大、土壤温度 15℃以下、阴雨天气多、光照不足、播种过密、间苗移苗不及时、施用带菌肥料、长期使用同一苗床土壤等都会诱使病害发生或加重。

红蜘蛛：高温低湿是红蜘蛛的最佳发育条件。一般干旱条件下发生严重。

潜叶蝇：成虫适温为 16～18℃，幼虫适温为 20℃左右。

白粉虱：繁殖速度快，温室内 1 年可完成 10 代，在 26℃条件下，完成 1 代约需 25 天。

3.3.2　定植期

(1)时间

　　　　冀中南:1 月下旬—2 月上旬。

　　　　冀西北:5 月上旬—5 月下旬。

　　　　晋　南:1 月中旬。

　　　　晋东南:3 月上旬—4 月上旬。

　　　　晋　中:2 月上旬。

　　　　晋　北:11 月下旬—12 月下旬。

　　　　蒙　中:3 月中旬。

　　　　蒙　西:1 月下旬。

(2)适宜的气象条件

　　标准化温室冬春茬西葫芦定植时地温应稳定在 10℃以上,最低气温在 12℃以上方可定植。缓苗后,为防止幼苗徒长,白天温度保持在 20~25℃,夜间温度保持在 12~15℃。

(3)此期天气特点

　　冀中南:旬平均气温 1 月下旬－4.1~－0.5℃、2 月上旬－2.6~1.1℃;平均每天日照时数 1 月下旬 5.2~7.0 小时、2 月上旬 5.5~7.2 小时。

　　冀西北:旬平均气温由 5 月上旬的 11.5~17.1℃、中旬的 12.8~18.5℃,到下旬的 15.1~20.9℃;平均每天日照时数 8.2~9.8 小时。

　　晋南:1 月中旬旬平均气温－3.0~－0.4℃;平均每天日照时数 4.6~5.3 小时。

　　晋东南:3 月月平均气温为 2.6~6.4℃、4 月上旬旬平均气温为 7.7~11.6℃;平均每天日照时数 3 月 6.0~7.3 小时、4 月上旬 6.7~8.3 小时。

　　晋中:2 月上旬旬平均气温－7.1~－1.6℃;平均每天日照时数 5.8~7.3 小时。

　　晋北:旬平均气温 11 月下旬－7.3~－1.4℃、12 月上旬

$-10.0\sim-3.7℃$、12 月中旬 $-12.1\sim-5.3℃$、12 月下旬 $-12.9\sim$ $-6.3℃$；期间平均每天日照时数为 11 月下旬 $5.1\sim7.2$ 小时、12 月上旬 $5.0\sim6.7$ 小时、12 月中旬 $5.0\sim6.7$ 小时、12 月下旬 $5.0\sim7.2$ 小时。

蒙中：3 月中旬旬平均气温 $-4.0\sim1.7℃$；平均每天日照时数为 $7.6\sim8.4$ 小时。

蒙西：河套灌区 1 月下旬旬平均气温在 $-10.8\sim-8.1℃$；平均每天日照时数为 $6.6\sim7.2$ 小时。

（4）主要灾害

冀中南：低温冷冻害、强降雪、低温寡照、大风等。

冀西北：低温冷害、大风等。

晋　南：低温冷冻害、强降雪、低温寡照、大风等。

晋东南：低温冷冻害、连阴寡照、大风、高温高湿等。

晋　中：低温冷冻害、低温寡照、大风、强降雪等。

晋　北：低温冷冻害、连阴寡照、大风、强降雪等。

蒙　中：低温冷冻害、大风、高温高湿等。

蒙　西：低温冷冻害、强降雪、大风等。

（5）管理注意事项

增强防冻保暖措施，增加无纺布，双层或多层草苫覆盖等。连阴天注意在中午较暖时放风，多见光。室内利用烟剂防病。

（6）主要病虫害

冀中南：灰霉病等病害。

冀西北：霜霉病、疫病等病害；蚜虫、红蜘蛛、潜叶蝇、白粉虱等虫害。

晋南：霜霉病、灰霉病等病害；白粉虱、蚜虫、螨虫等虫害。

晋东南：灰霉病、白粉病等病害。

晋中：病毒病、灰霉病、白粉病等病害。

晋北：疫病等病害。

蒙中：猝倒病等病害。

蒙西：猝倒病、沤根等病害。

（7）病虫害与气象条件的关系

病毒病：高温、干旱、光照强的条件下发病严重。

白粉病：发病的温度范围在 10～25℃，最适温度为 20～25℃，一般夜间低温、早晨植株上结露水，管理粗放，发病严重。

疫病：适宜发病的温度为 28～30℃，叶面有水滴存在的情况下，易发病。

灰霉病：阴雨天气较多，光照不足，气温偏低，温室内空气相对湿度在 90％以上，结露持续时间长，放风不及时是灰霉病发生蔓延的重要条件。

霜霉病：当气温在 20～24℃时，空气相对湿度在 85％以上，叶面有水珠时，易发病。

猝倒病：苗床浇水过多、湿度过大、土壤温度 15℃ 以下、阴雨天气多、光照不足、播种过密、间苗移苗不及时、施用带菌肥料、长期使用同一苗床土壤等都会诱使病害发生或加重。

红蜘蛛：高温低湿是红蜘蛛的最佳发育条件。一般干旱条件下发生严重。

潜叶蝇：成虫适温为 16～18℃，幼虫适温为 20℃ 左右。

白粉虱：繁殖速度快，温室内 1 年可完成 10 代，在 26℃ 条件下，完成 1 代约需 25 天。

沤根：地温低于 12℃，持续时间较长，且浇水过量或遇连阴雨天；苗床温度过低，幼苗发生萎蔫，萎蔫持续时间长等，均易产生沤根。

3.3.3　花果期

（1）时间

　　　　　冀中南：2—5 月。

　　　　　冀西北：6 月上中旬—8 月。

　　　　　晋　南：2 月下旬—6 月。

　　　　　晋东南：4 月中旬—7 月上旬。

　　　　　晋　中：2 月下旬—6 月中旬。

晋　　北:1月上旬—2月下旬。

蒙　　中:4月上旬—7月下旬。

蒙　　西:3月上旬—6月上旬。

(2)适宜的气象条件

开始坐果后,白天 25~28℃、夜间 15~18℃,若遇低温寡照,温度宜从低掌握,白天可降到 22~25℃、夜间 10~12℃,以减少呼吸消耗;连阴天过后,逐渐提高温度、增加光照、促秧生长,但白天温度最高不超过 30℃,夜间不得低于 10℃,昼夜温差不得小于 8℃。

(3)此期天气特点

冀中南:月平均气温由 2 月的-1.1~2.7℃、3 月的 5.5~8.5℃、4 月的 13.8~16.1℃,到 5 月的 19.6~21.7℃;平均每天日照时数由 2 月的 5.3~7.0 小时、3 月的 6.1~7.7 小时、4 月的 7.4~8.7 小时,到 5 月的 7.5~9.1 小时。

冀西北:月平均气温由 6 月的 17.6~23.0℃、7 月的 19.7~24.8℃,到 8 月的 17.8~23.1℃;平均每天日照时数由 6 月上旬的 8.9~10.0 小时,到 8 月的 7.5~8.4 小时。

晋南:从 2 月到 6 月,月平均气温分别为 2 月 0.8~3.5℃、3 月 6.4~9.0℃、4 月 13.6~15.9℃、5 月 19.0~21.3℃、6 月 23.0~26.0℃;平均每天日照时数 2 月 4.5~5.3 小时、3 月 5.4~6.1 小时、4 月 6.5~7.3 小时、5 月 7.2~8.0 小时、6 月 6.7~7.8 小时。

晋东南:从 4 月中旬到 7 月上旬,4 月中旬旬平均气温为 10.0~13.8℃、4 月下旬旬平均气温为 12.2~15.9℃、5 月月平均气温为 15.4~18.9℃、6 月月平均气温为 19.2~23.0℃、7 月上旬旬平均气温为 20.7~24.4℃;平均每天日照时数 4 月中旬 7.1~8.6 小时、4 月下旬 7.6~9.0 小时、5 月 7.8~9.4 小时、6 月 7.0~8.6 小时、7 月上旬 6.1~7.9 小时。

晋中:月平均气温 2 月-5.3~-0.3℃、3 月 1.2~5.6℃、4 月 8.8~13.3℃、5 月 14.3~19.3℃、6 月 18.2~23.4℃;平均每天日照时数 2 月 5.2~6.5 小时、3 月 6.2~7.6 小时、4 月 7.3~8.4 小时、5 月 8.0~9.3 小时、6 月 7.2~8.6℃。

晋北：月平均气温 1 月 -14.3～-7.0℃、2 月 -9.6～-2.6℃；平均每天日照时数 1 月 5.4～7.0 小时、2 月 5.6～7.0 小时。

蒙中：从 4 月到 7 月，月平均气温分别为 4 月 5.8～13.3℃、5 月 14.8～18.4℃、6 月 19.5～23.7℃、7 月 20.9～25.7℃；平均每天日照时数 4 月 8.7～8.8 小时、5 月 8.8～9.8 小时、6 月 9.0～9.7 小时、7 月 8.2～9.0 小时。

蒙西：河套灌区从 3 月到 6 月，月平均气温分别为 3 月 0.2～1.4℃、4 月 9.2～10.2℃、5 月 16.6～17.5℃、6 月 21.5～22.1℃；平均每天日照时数 3 月 8.3～9.0 小时、4 月 9.2～10.0 小时、5 月 10.0～10.8 小时、6 月 7.2～7.8 小时。

（4）主要灾害

冀中南：低温冷冻害、低温寡照、大风、强降雪、连阴寡照、高温高湿等。

冀西北：洪涝、风雹等。

晋　南：低温冷冻害、低温寡照、大风、强降雪、连阴寡照、高温高湿等。

晋东南：高温高湿、连阴寡照、大风、光照强度过大、雨涝等。

晋　中：低温冷冻害、低温寡照、大风、强降雪、连阴寡照、高温高湿等。

晋　北：低温冷冻害、强降雪、大风等。

蒙　中：大风、高温高湿等。

蒙　西：大风、高温高湿等。

（5）管理注意事项

结果前期提高温度，促根促苗，结果后期防高温，控秧促果。连阴天时在满足植株生长所需温度下限的情况下，尽可能让其多见光，勿使温室内湿度太高。

（6）主要病虫害

冀中南：灰霉病等病害。

冀西北：霜霉病、疫病、灰霉病等病害；蚜虫、红蜘蛛、潜叶蝇、白粉虱等虫害。

晋南:霜霉病、角斑病、灰霉病等病害;白粉虱、蚜虫、螨虫等虫害。

晋东南:灰霉病、病毒病、白粉病等病害;白粉虱、潜叶蝇等虫害。

晋中:病毒病、灰霉病、白粉病等病害。

晋北:早疫病、晚疫病等病害。

蒙中:白粉病、灰霉病、绵腐病、软腐病等病害。

蒙西:灰霉病等病害;潜叶蝇等虫害。

(7)病虫害与气象条件的关系

病毒病:高温、干旱、光照强的条件下发病严重。

白粉病:发病的温度范围在 10～25℃,最适温度为 20～25℃,一般夜间低温、早晨植株上结露水,管理粗放,发病严重。

疫病:适宜发病的温度为 28～30℃,叶面有水滴存在的情况下,易发病。

灰霉病:阴雨天气较多,光照不足,气温偏低,温室内空气相对湿度在 90%以上,结露持续时间长,放风不及时是灰霉病发生蔓延的重要条件。

霜霉病:当气温在 20～24℃时,空气相对湿度在 85%以上,叶面有水珠时,易发病。

猝倒病:苗床浇水过多、湿度过大、土壤温度 15℃以下、阴雨天气多、光照不足、播种过密、间苗移苗不及时、施用带菌肥料、长期使用同一苗床土壤等都会诱使病害发生或加重。

角斑病:发病适宜温度为 18～26℃,空气相对湿度在 75%以上,湿度愈大,病害愈重。

绵腐病:土温低、高湿利于发病。

软腐病:病菌生长最适温度为 25～30℃,40℃ 以上不能生长。

红蜘蛛:高温低湿是红蜘蛛的最佳发育条件。一般干旱条件下发生严重。

潜叶蝇:成虫适温为 16～18℃,幼虫适温为 20℃左右。

白粉虱:繁殖速度快,温室内 1 年可完成 10 代,在 26℃条件下,完成 1 代约需 25 天。

参考文献

360 百科. 2013. 西葫芦[OL]. [2013-04-16]. http://baike. so. com/doc/5373157. html.

杜凤莲,裴淑萍,张岩峰. 2012. 日光温室西葫芦主要病虫害的防治[J]. 吉林农业,(10):7.

古丽皮热斯·努尔,阿娜古丽. 2012. 冬春茬日光温室西葫芦栽培技术[J]. 新疆农业科技,(3):46.

郭军. 2011. 白飞虱的发生与防治[J]. 现代农业科技,(8):152-157.

何淑青. 2010. 西葫芦、黄瓜茎基腐病在太原保护地发生与防治[J]. 中国农技推广,(11):43.

焦瑞莲. 2007. 大棚西葫芦主要病害的无公害防治[J]. 植物医生,(1):37-38.

李阳,马东红,卢芹芹. 2009. 西葫芦软腐病防治技术[J]. 上海蔬菜,(6):57-58.

李林,徐作珽,李长松,等. 2007. 西葫芦软腐病病原的初步研究[J]. 园艺学报,(5):1189-1194.

李荣刚,李春宁,胡木强,等. 2004. 河北设施农业技术模式 1000 例[M]. 石家庄:河北科学技术出版社.

刘蕾,李宝聚,郭立忠,等. 2007. 西葫芦果实腐烂病的病原诊断与防治[J],中国蔬菜,(10):59-60.

毛丽萍,郭尚. 2007. 日光温室西葫芦秋冬茬无公害栽培技术[J]. 北方园艺,(10):88-89.

马占元. 1997. 日光温室实用技术大全[M]. 石家庄:河北科学技术出版社.

任芝仙. 2000. 节能日光温室冬春茬西葫芦高产栽培技术[J]. 北方园艺,(5):45.

陶立兴. 2012. 日光温室秋冬茬西葫芦栽培技术[J]. 吉林农业,(9):114.

武峻新. 2005. 西葫芦生产中的烂瓜原因及防治方法[J]. 长江蔬菜,(4):27-28.

吴丽侠. 2013. 日光温室西葫芦主要病虫害防治技术[J]. 现代农村科技,(6):24-25.

王久兴. 2002. 图解蔬菜病虫害防治[M]. 天津:天津科学技术出版社.

王泽华,宫亚军,魏书军,等.2013.朱砂叶螨的识别与防治[J].中国蔬菜,(5):27-28.

闫华,张培勇,姚峰,等.2004.保护地西葫芦绵腐病的发生与防治[J].吉林蔬菜,(1):21.

张伟.2006.温室西葫芦灰霉病综合防治技术[J].中国植保导刊,(12):21-22.

翟胜祥.2011.日光温室冬春茬西葫芦高产高效栽培技术[J].中国园艺文摘,(6):132-133.

第 **4** 章

日光温室茄子气象服务基础

4.1 秋冬茬茄子

4.1.1 播种育苗期

播种~5 叶 1 心左右。

(1)时间

　　　　冀中南:7—8 月。

　　　　冀西北:7 月中旬—9 月中旬。

　　　　冀东北:6 月中旬。

　　　　晋　南:7 月中下旬。

　　　　晋东南:8 月上旬—9 月上旬。

　　　　晋　中:一般无秋冬茬茄子种植。

　　　　晋　北:5 月上旬—6 月下旬。

　　　　蒙　东:一般无秋冬茬茄子种植。

　　　　蒙　中:8 月上旬—9 月上旬。

　　　　蒙　西:6 月中旬。

(2)适宜的气象条件

播种时地温不得低于 16℃,分苗后,白天温度 30℃左右,夜间 23~25℃,缓苗后,白天 22~25℃,夜间 15~18℃,定植前 10~15 天,进行低温锻炼,白天 20℃左右,夜间不高于 15℃。

(3)此期天气特点

冀中南:月平均气温 7 月 26.2~27.4℃、8 月 24.7~26.0℃;平

均每天日照时数 7 月 5.8～7.8 小时、8 月5.8～7.8 小时。

冀西北:旬平均气温由 7 月中旬的 19.7～24.8℃、下旬的 20.1～25.1℃、8 月上旬的 19.2～24.2℃、8 月中旬的 18.0～23.3℃、8 月下旬的 16.5～22.0℃、9 月上旬 14.3～20.0℃,到 9 月中旬的 12.2～17.9℃;平均每天日照时数 7.0～8.9 小时。

冀东北:6 月中旬旬平均气温 20.4～24.1℃;平均每天日照时数 7.0～8.3 小时。

晋南:旬平均气温 7 月中旬 24.7～27.4℃、7 月下旬 25.2～28.0℃;平均每天日照时数 7 月上旬 5.5～7.2 小时、7 月中旬 5.3～7.6 小时、7 月下旬 5.9～8.9 小时、8 月上旬 5.2～7.7 小时。

晋东南:8 月月平均气温为 19.5～23.1℃、9 月上旬旬平均气温为 16.8～20.3℃;平均每天日照时数 8 月 6.0～7.9 小时、9 月上旬 5.4～7.0 小时。

晋北:从 5 月到 6 月,月平均气温分别为 5 月 13.8～18.8℃、6 月 17.9～23.1℃;平均每天日照时数分别为 5 月 8.3～9.8 小时、6 月 7.7～9.4 小时。

蒙中:旬平均气温由 8 月上旬的 18.6～22.7℃,8 月中旬的 17.3～21.5℃、8 月下旬的 15.8～20.1℃,到 9 月上旬的 13.6～17.9℃;平均每天日照时数 8 月上旬 8.3～8.5 小时、8 月中旬 8.1～8.5 小时、8 月下旬 8.4～8.6 小时、9 月上旬 7.9～8.2 小时。

蒙西:河套灌区 6 月中旬旬平均气温为 21.5～22.4℃;平均每天日照时数 9.7～10.4 小时。

(4)主要灾害

冀中南:光照强度过大、高温高湿、雨涝、连阴寡照、大风等。

冀西北:风雹、洪涝、大风等。

冀东北:高温、大风、连阴寡照等。

晋　南:光照强度过大、高温高湿、雨涝、连阴寡照、大风等。

晋东南:光照强度过大、高温高湿、雨涝、连阴寡照、大风等。

晋　北:大风、高温等。

蒙　中:大风、高温高湿、洪涝等。

蒙　西：高温、光照强度过大等。

（5）管理注意事项

做好防病虫害、防雨淋、防干旱、防高温、防伤根。高温季节，要小水勤浇，使土壤不干不裂，减少伤根，控制发病。

（6）主要病虫害

冀中南：立枯病、黄萎病等病害。

冀西北：根枯病等病害；易发生斑潜蝇等虫害。

冀东北：立枯病、黄萎病等病害。

晋南：白粉病、枯萎病等病害；白粉虱等虫害。

晋东南：猝倒病等病害。

晋北：早疫病、晚疫病等病害。

蒙中：褐纹病、灰霉病等病害。

蒙西：早疫病、晚疫病等病害。

（7）病虫害与气象条件的关系

立枯病：病菌发育的最低温度为 $13℃$，最适温度为 $24℃$，最高温度为 $42℃$，高湿利于发病。苗床温暖多湿，通风不良，幼苗徒长易发病。

黄萎病：地温低于 $15℃$ 易引起黄萎病暴发。

白粉病：当温度在 $16\sim24℃$，空气相对湿度为 75% 左右时，此病最易发生、流行。

枯萎病：在温度达 $25\sim28℃$、土壤潮湿时，利于发病。

褐纹病：发病适温为 $28\sim30℃$，适宜空气相对湿度在 80% 以上。

灰霉病：在温度 $20℃$、空气相对湿度 90% 左右时最易发病。

斑潜蝇：发育温度为 $5.8\sim35℃$，最适宜温度为 $28\sim31℃$，喜高温（$28\sim31℃$）、高湿（空气相对湿度 $70\%\sim90\%$）条件。

白粉虱：繁殖的最适宜温度为 $18\sim21℃$，在温室条件下完成 1 代需要 30 天左右。

蚜虫：高温干旱天气有利于蚜虫繁殖、迁飞活动。蚜虫在气温为 $20℃$ 左右、气候干燥的条件下繁殖迅速，高温高湿不利于繁殖。

4.1.2 定植期

(1)时间

冀中南:9 月。

冀西北:9 月下旬—10 月中旬。

冀东北:8 月中下旬。

晋　南:8 月下旬。

晋东南:9 月中旬—9 月下旬。

晋　北:7 月上旬—8 月下旬。

蒙　中:9 月中旬。

蒙　西:7 月上旬。

(2)适宜的气象条件

白天温室内温度保持在 25～30℃,夜间保持在 15℃左右。

(3)此期天气特点

冀中南:9 月月平均气温为 19.6～21.5℃;平均每天日照时数为 5.9～7.7 小时。

冀西北:旬平均气温由 9 月下旬的 10.1～15.8℃、10 月上旬的 10.3～13.5℃,到 10 月中旬的 5.2～10.9℃;平均每天日照时数为 7.3～8.4 小时。

冀东北:旬平均气温 8 月中旬 21.0～25.2℃、8 月下旬 19.7～24.3℃;旬平均日照时数 8 月中旬 6.1～7.8 小时、8 月下旬 7.1～9.0 小时。

晋南:8 月下旬旬平均气温为 22.1～24.6℃;平均每天日照时数 5.9～7.4 小时。

晋东南:旬平均气温由 9 月中旬的 15.0～18.5℃,到 9 月下旬的 13.1～16.5℃;平均每天日照时数 9 月中旬 5.5～6.9 小时、9 月下旬 5.6～6.8 小时。

晋北:月平均气温 7 月 19.7～24.9℃、8 月 17.7～22.6℃;平均每天日照时数 7 月 7.2～9.3 小时、8 月 7.0～8.7 小时。

蒙中:9 月中旬旬平均气温在 11.7～16.2℃;平均每天日照时

数为 8.2～8.6 小时。

蒙西:河套灌区 7 月上旬旬平均气温在 22.7～23.5℃;平均每天日照时数为 9.3～10.1 小时。

(4)主要灾害

冀中南:高温高湿、连阴寡照、大风等。

冀西北:大风等。

冀东北:连阴寡照、高湿闷热、大风等。

晋　南:光照强度过大、高温高湿、雨涝、连阴寡照、大风等。

晋东南:高温高湿、连阴寡照、大风等。

晋　北:风雹、大风、洪涝、连阴雨等。

蒙　中:大风、高温高湿等。

蒙　西:大风、高温等。

(5)管理注意事项

注意通风降温、排湿、中耕,并防止夜温过高;及时防治病虫害。

(6)主要病虫害

冀中南:立枯病、猝倒病、黄萎病等病害。

冀西北:灰霉病、黄萎病、青枯病等病害;茶黄螨、红蜘蛛、白粉虱等虫害。

冀东北:立枯病、黄萎病等病害。

晋南:白粉病、枯萎病等病害;白粉虱等虫害。

晋东南:灰霉病、叶霉病等病害;白粉虱、潜叶蝇等虫害。

晋北:早疫病、晚疫病等病害。

蒙中:灰霉病等病害。

蒙西:病毒病等病害。

(7)病虫害与气象条件的关系

立枯病:病菌发育的最低温度为 13℃,最适温度为 24℃,最高温度为 42℃,高湿利于发病。

猝倒病:土壤湿度大、温度低是猝倒病发生蔓延的主要条件。

黄萎病:地温低于 15℃ 易引起黄萎病暴发。

青枯病:发病最适宜的土温为 25℃ 左右。

白粉病:发病适宜温度 20～25℃,空气相对湿度 25％～85％。

枯萎病:在温度达 25～28℃、土壤潮湿时,利于发病。

灰霉病:在温度 20℃、空气相对湿度 90％左右时最易发病。

叶霉病:病菌发育适温为 20～23℃,需要 85％以上空气相对湿度,喜弱光。

病毒病:高温、干旱、光照强的条件下发病较重。

白粉虱:白粉虱繁殖的最适宜温度为 18～21℃,在温室条件下完成 1 代需要 30 天左右。

蚜虫:高温干旱天气有利于蚜虫繁殖、迁飞活动。蚜虫在气温在 20℃左右、气候干燥的条件下繁殖迅速,高温高湿不利于繁殖。

茶黄螨:发生危害适宜温度为 16～27℃,空气相对湿度为 45％～90％,茶黄螨形成周期短,繁殖力强,温暖多湿条件易暴发。

红蜘蛛:茄子红蜘蛛喜高温、低湿的发育环境。最适温度为 29～31℃,最适空气相对湿度为 35％～55％。

潜叶蝇:阴湿环境利于其发生,高温对其生长不利。一般超过 35℃幼虫死亡率明显增加。

4.1.3 花果期

(1)时间

> 冀中南:11月—翌年1月。
>
> 冀西北:10月下旬—翌年3月。
>
> 冀东北:11月末—翌年1月。
>
> 晋　南:9月下旬—翌年1月下旬。
>
> 晋东南:10月上旬—翌年1月上旬。
>
> 晋　北:9月上旬—10月下旬。
>
> 蒙　中:10月上旬—翌年2月末。
>
> 蒙　西:9月上旬—12月下旬。

(2)适宜的气象条件

适温 22～30℃,气温低于 20℃影响授粉、受精和果实生长,温室内的气温原则上不得低于 15℃。避免 35℃以上的高温,当温室内温度高于 32℃ 时,应及时通风降湿,昼夜温差保持在 10℃ 左右,有利于果实生长。

(3)此期天气特点

冀中南:月平均气温 11 月 3.8~7.0℃、12 月 −2.5~1.0℃、1 月 −4.6~−0.9℃;平均每天日照时数 11 月 4.9~6.2 小时、12 月 4.5~5.9 小时、1 月 4.6~6.3 小时。

冀西北:从 10 月到翌年 3 月,月平均气温分别为 10 月 4.9~10.6℃、11 月 −4.6~1.6℃、12 月 −8.7~−5.0℃、1 月 −10.8~−7.0℃、2 月 −10.0~−3.3℃、3 月 −2.4~3.4℃;平均每天日照时数 10 月 7.4~7.8 小时、11 月 6.3~7.2 小时、12 月 5.6~6.3 时、1 月 6.2~6.8 小时、2 月 6.8~7.5 小时、3 月 7.3~8.0 小时。

冀东北:11 月下旬旬平均气温为 −4.7~2.0℃、12 月月平均气温为 −8.9~−1.7℃、翌年 1 月月平均气温为 −10.9~−4.3℃;平均每天日照时数 11 月下旬 5.1~6.5 小时、12 月 5.2~6.6 小时、翌年 1 月 5.7~7.0 小时。

晋南:月平均气温为 10 月 12.5~14.5℃、11 月 4.7~7.2℃、12 月 −1.3~1.6℃、翌年 1 月 −2.9~−0.2℃;平均每天日照时数为 10 月 5.1~5.7 小时、11 月 4.8~5.6 小时、12 月 4.8~5.6 小时、翌年 1 月 4.7~5.5 小时。

晋东南:10 月月平均气温为 9.2~12.5℃、11 月月平均气温为 1.9~5.6℃、12 月月平均气温为 −4.5~−0.3℃、翌年 1 月上旬旬平均气温为 −6.2~−2.0℃;平均每天日照时数由 10 月的 5.5~7.0 小时,到 11 月的 5.6~6.8 小时、12 月的 5.3~6.5 小时、翌年 1 月上旬的 5.2~6.4 小时。

晋北:月平均气温 9 月 12.3~17.4℃、10 月 4.9~10.2℃;平均每天日照时数 9 月 6.6~8.3 小时、10 月 6.7~8.0 小时。

蒙中:从 10 月到翌年 2 月,月平均气温分别为 10 月 6.0~12.0℃、11 月 −4.4~2.0℃、12 月 −10.9~−5.6℃、1 月 −14.8~−6.1℃、2 月 −11.3~−1.3℃;平均每天日照时数 10 月 7.5~7.9

小时、11 月 6.3～7.2 小时、12 月 5.7～6.1 小时、1 月 5.9～6.7 小时、2 月 7.0～7.4 小时。

蒙西：河套灌区从 9 月到 12 月，月平均气温分别为 9 月 15.7～16.6℃、10 月 8.2～9.0℃、11 月 -1.3～0.5℃、12 月 -8.6～-6.0℃；平均每天日照时数分别为 9 月 8.2～9.0 小时、10 月 7.9～8.6 小时、11 月 7.3～7.7 小时、12 月 6.3～7.1 小时。

（4）主要灾害

冀中南：强降雪、低温寡照、大风、低温冷冻害等。

冀西北：低温冻害、大风、强降雪等。

冀东北：强降雪、大风、低温寡照、低温冷冻害等。

晋　南：连阴寡照、大风、低温冷冻害、强降雪、低温寡照等。

晋东南：连阴寡照、大风、低温冷冻害、强降雪、低温寡照等。

晋　北：低温冷冻害、大风等。

蒙　中：低温冷冻害、强降雪、大风、低温寡照等。

蒙　西：高温高湿、低温冷冻害、大风、强降雪等。

（5）管理注意事项

增强防冻保暖措施，增加无纺布，双层草苫覆盖等。加强透光管理，延长光照时间。连续阴天时注意对散射光的利用。通过通风和保温措施严格控制好昼夜温度。

（6）主要病虫害

冀中南：绵疫病、纹枯病、灰霉病、黄萎病、枯萎病等病害。

冀西北：灰霉病、黄萎病、青枯病等病害；茶黄螨、红蜘蛛、白粉虱等虫害。

冀东北：纹枯病、灰霉病、枯萎病等病害。

晋南：白粉病、立枯病、根腐病等病害；白粉虱等虫害。

晋东南：灰霉病、叶霉病等病害；白粉虱、潜叶蝇等虫害。

晋北：早疫病、晚疫病等病害。

蒙中：炭疽病、绵疫病等病害。

蒙西：白粉病、灰霉病等病害；白粉虱、潜叶蝇等虫害。

（7）病虫害与气象条件的关系

绵疫病：温度 25～30℃，空气相对湿度 80％以上时发病快。

黄萎病：地温低于 15℃易发病。

枯萎病：在温度达 25～28℃、土壤潮湿时，利于发病。

白粉病：发病适宜温度 20～25℃，空气相对湿度 25％～85％。

青枯病：发病最适宜的土温为 25℃左右。

立枯病：病菌发育的最低温度为 13℃，最适温度为 24℃，最高温度为 42℃，高湿利于发病。

根腐病：发病适宜地温 10～20℃，高湿的环境易于发病，连作地、低洼地及黏土地发病严重。

灰霉病：在温度 20℃、空气相对湿度 90％左右时最易发病。

叶霉病：病菌发育适温为 20～23℃，需要 85％以上空气相对湿度，喜弱光。

炭疽病：在高温高湿的气候条件下很容易发病。田间发病最适温度为 24℃左右。当温度适宜，空气相对湿度在 87％～98％时，病菌潜育期仅为 3 天。空气相对湿度低于 54％时，炭疽病不易发生。

白粉虱：白粉虱繁殖的最适宜温度为 18～21℃，在温室条件下完成 1 代需要 30 天左右。

蚜虫：高温干旱天气有利于蚜虫繁殖、迁飞活动。蚜虫在 20℃左右、气候干燥的条件下繁殖迅速，高温高湿不利于繁殖。

茶黄螨：发生危害适宜温度为 16～27℃，空气相对湿度为 45％～90％，茶黄螨形成周期短，繁殖力强，温暖多湿条件易发生。

红蜘蛛：茄子红蜘蛛喜高温、低湿的发育环境。最适温度为 29～31℃，最适空气相对湿度为 35％～55％。

潜叶蝇：阴湿环境利于其发生，高温对其生长不利。一般超过 35℃幼虫死亡率明显增加。

4.2 越冬茬茄子

4.2.1 播种育苗期

播种～5 叶 1 心左右。

(1)时间

冀中南:9—10 月。

冀西北:8 月中旬—10 月中旬。

冀东北:8—9 月。

晋　南:一般不种植此茬口的此种蔬菜。

晋东南:一般不种植此茬口的此种蔬菜。

晋　中:一般不种植此茬口的此种蔬菜。

晋　北:一般不种植此茬口的此种蔬菜。

蒙　东:一般不种植此茬口的此种蔬菜。

蒙　中:一般不种植此茬口的此种蔬菜。

蒙　西:8 月上旬。

(2)适宜的气象条件

播种时地温不得低于 16℃,气温不低于 14℃。分苗后,白天温度维持在 30℃左右,夜间 23～25℃。缓苗后,白天降至 22～25℃,夜间 15～18℃,使秧苗健壮生长。在定植前 10～15 天进行较强的低温锻炼,白天最高温度 20℃左右,夜间不高于 15℃,逐步降至10～12℃。

(3)此期天气特点

冀中南:月平均气温 9 月 19.6～21.5℃、10 月 12.8～15.3℃;平均每天日照时数 9 月 5.9～7.7 小时,10 月 5.8～7.2 小时。

冀西北:旬平均气温由 8 月中旬的 18.0～23.3℃、下旬的 16.5～22.0℃、9 月上旬的 14.3～20.0℃、中旬的 12.2～17.9℃、下旬的 10.1～15.8℃、10 月上旬的 10.3～13.5℃,到中旬的 5.2～10.9℃;平均每天日照时数为 7.3～8.8 小时。

冀东北：月平均气温 8 月 20.9～25.2℃、9 月 15.3～20.7℃；平均每天日照时数 8 月 6.3～6.7 小时,9 月 6.9～8.7 小时。

蒙西：河套灌区 8 月上旬旬平均气温为 22.7～23.6℃；平均每天日照时数为 9.4～9.7 小时。

（4）主要灾害

冀中南：高温高湿、连阴寡照、大风等。

冀西北：风雹、洪涝、大风等。

冀东北：连阴寡照、高湿闷热、大风、雨涝等。

蒙　西：高温、大风等。

（5）管理注意事项

防雨排水；夜间覆盖后易形成高夜温,造成秧苗徒长,要根据天气注意通风。

（6）主要病虫害

冀中南：立枯病、猝倒病、黄萎病等病害。

冀西北：病害较少,易发生蚜虫、红蜘蛛、潜叶蝇、白粉虱等虫害。

冀东北：猝倒病、立枯病、绵疫病、病毒病等病害。

蒙西：病毒病等病害。

（7）病虫害与气象条件的关系

立枯病：病菌发育的最低温度为 13℃,最适温度为 24℃,最高温度为 42℃,高湿利于发病。苗床温暖多湿,通风不良,幼苗徒长易发病。

猝倒病：土壤湿度大、温度低是猝倒病发生蔓延的主要条件。

黄萎病：地温低于 15℃易发病。

绵疫病：温度为 25～30℃,空气相对湿度在 80％以上时发病快。

病毒病：高温、干旱、光照强的条件下发病较重。

蚜虫：高温干旱天气有利于蚜虫繁殖、迁飞活动。蚜虫在 20℃左右、气候干燥的条件下繁殖迅速,高温高湿不利于繁殖。

红蜘蛛：茄子红蜘蛛喜高温、低湿的发育环境。最适温度为 29～31℃,最适空气相对湿度为 35％～55％。

潜叶蝇: 阴湿环境利于其发生,高温对其生长不利。一般超过35℃幼虫死亡率明显增加。

白粉虱: 繁殖的最适宜温度为 18～21℃,在温室条件下完成 1 代需要 30 天左右。

4.2.2　定植期

(1)时间

　　　　冀中南:11 月。

　　　　冀西北:10 月下旬—11 月下旬。

　　　　冀东北:10 月下旬。

　　　　蒙　西:8 月下旬。

(2)适宜的气象条件

定植到缓苗温度应高些,白天 25～35℃,夜间 17～22℃,地温20℃左右。缓苗后温度要降下来,白天适温为 22～30℃,夜晚不低于 15℃。

(3)此期天气特点

冀中南: 11 月月平均气温为 3.8～7.0℃;平均每天日照时数为4.9～6.2 小时。

冀西北: 旬平均气温由 10 月下旬的 2.0～7.8℃、11 月上旬的－1.1～4.8℃、中旬的－4.2～1.2℃,到下旬的－7.5～－1.2℃;平均每天日照时数 6.0～7.7 小时。

冀东北: 10 月下旬旬平均气温 5.3～10.9℃;平均每天日照时数 6.4～7.7 小时。

蒙西: 河套灌区 8 月下旬旬平均气温在 20.1～21.1℃;平均每天日照时数为 8.9～9.7 小时。

(4)主要灾害

冀中南:强降雪、低温寡照、连阴寡照、大风等。

冀西北:低温冷冻害、大风等。

冀东北:连阴寡照、大风等。

蒙　西:高温、大风等。

（5）管理注意事项

栽苗应选晴天进行。随着温度降低,注意防早霜。大风天注意加固棚膜,以防风害。

（6）主要病虫害

冀中南:立枯病、猝倒病、黄萎病等病害。

冀西北:灰霉病、黄萎病、青枯病等病害;茶黄螨、红蜘蛛、白粉虱等虫害。

冀东北:绵疫病、病毒病、黄萎病等病害。

蒙西:潜叶蝇等虫害。

（7）病虫害与气象条件的关系

立枯病:病菌发育的最低温度为 13℃,最适温度为 24℃,最高温度为 42℃,高湿利于发病。

猝倒病:土壤湿度大、温度低是猝倒病发生的主要条件。

黄萎病:地温低于 15℃易发病。

绵疫病:温度为 25～30℃,空气相对湿度在 80％以上时发病快。

病毒病:高温干旱、管理粗放、蚜虫发生量大的情况下发病较重。

青枯病:发病最适宜的环境条件为土温 25℃左右。

茶黄螨:发生危害适宜温度为 16～27℃,空气相对湿度为 45％～90％,茶黄螨形成周期短,繁殖力强,温暖多湿条件易暴发成灾。

红蜘蛛:茄子红蜘蛛喜高温、低湿的发育环境。最适温度为 29～31℃,最适空气相对湿度为 35％～55％。

白粉虱:繁殖的最适宜温度为 18～21℃,在温室条件下完成 1 代需要 30 天左右。

潜叶蝇:阴湿环境利于其发生,高温对其生长不利。一般超过 35℃幼虫死亡率明显增加。

4.2.3 花果期

（1）时间

　　　　冀中南:1—6 月。

　　　　冀西北:11 月下旬—翌年 4 月。

冀东北:1月中下旬—5月中下旬。

蒙　西:10月下旬—翌年5月下旬。

(2)适宜的气象条件

结果前期,温室内气温白天应在28~30℃,气温低于20℃时影响授粉、受精和果实生长,夜间气温在16~20℃,最低不低于12℃。盛果期白天25~30℃,夜间15~20℃。

(3)此期天气特点

冀中南:月平均气温由1月的-4.6~-0.9℃、2月的-1.1~0.9℃、3月的5.5~8.5℃、4月的13.8~16.1℃、5月的19.6~21.7℃,到6月的24.2~26.4℃;平均每天日照时数由1月的4.6~6.3小时、2月的5.3~7.0小时、3月的6.1~7.7小时、4月的7.4~8.7小时、5月的7.5~9.1小时,到6月的7.1~8.9小时。

冀西北:从11月到翌年4月,月平均气温分别为11月-4.6~1.6℃、12月-8.7~-5.0℃、1月-10.8~-7.0℃、2月-10.0~-3.3℃、3月-2.4~3.4℃、4月6.3~12.1℃;平均每天日照时数10月7.3~7.8小时、11月6.3~7.2小时、12月5.6~6.3小时、1月6.2~6.8小时、2月6.8~7.5小时、3月7.3~8小时、4月8.1~8.9小时。

冀东北:从1月中旬至5月下旬,1月中下旬旬平均气温为-10.9~-4.6℃、2月月平均气温为-6.5~-1.1℃、3月月平均气温为1.0~5.5℃、4月月平均气温为10.1~13.9℃、5月月平均气温为16.4~19.8℃;平均每天日照时数1月中下旬5.8~7.1小时、2月6.4~7.5小时、3月7.0~8.2小时、4月7.6~8.9小时、5月7.9~9.2小时。

蒙西:河套灌区从10月到翌年5月,月平均气温分别为10月7.5~8.4℃、11月-1.6~0.4℃、12月-10.1~-7.2℃、1月-12.6~-9.7℃、2月-8.0~-5.7℃、3月0.2~1.4℃、4月8.7~10.2℃、5月16.3~17.5℃;平均每天日照时数10月8.4~8.9小时、11月7.2~7.8小时、12月6.5~7.2小时、1月6.9~7.6小时、2月7.6~8.2小时、3月8.3~9.0小时、4月9.2~10.0小时、

5 月 10.0～10.8 小时。

（4）主要灾害

冀中南：低温冷冻害、强降雪、低温寡照、大风、连阴寡照、高温高湿等。

冀西北：低温冻害、大风、强降雪等。

冀东北：低温冷冻害、强降雪、低温寡照、大风、连阴寡照、高温高湿等。

蒙　西：大风、低温冷冻害、强降雪、高温高湿等。

（5）管理注意事项

增强防冻保暖措施，增加无纺布，双草苫覆盖等。连阴寡照时可补充光照时间。注意对散射光的利用。通过通风和保温措施严格控制好昼夜温度，合理调控室温。大风天注意加固草苫和棚膜，以防风害。

（6）主要病虫害

冀中南：灰霉病、黄萎病、枯萎病等病害。

冀西北：灰霉病、黄萎病、青枯病等病害；茶黄螨、红蜘蛛、白粉虱等虫害。

冀东北：蚜虫、白粉虱、茶黄螨等虫害。

蒙西：白粉病、灰霉病等病害；白粉虱、潜叶蝇等虫害。

（7）病虫害与气象条件的关系

黄萎病：地温低于 15℃ 易发病。

枯萎病：在温度为 25～28℃、土壤潮湿时，利于发病。

白粉病：发病适宜温度 20～25℃，空气相对湿度 25%～85%。

灰霉病：在温度为 20℃、空气相对湿度为 90% 左右时最易发病。

青枯病：发病最适宜的环境条件为土温 25℃ 左右。

蚜虫：高温干旱天气有利于蚜虫繁殖、迁飞活动。蚜虫在 20℃ 左右、气候干燥的条件下繁殖迅速，高温高湿不利于繁殖。

白粉虱：繁殖的最适宜温度为 18～21℃，在温室条件下完成 1 代需要 30 天左右。

茶黄螨：发生危害适宜温度为 16～27℃，空气相对湿度 45%～

90％。茶黄螨形成周期短,繁殖力强,温暖多湿条件易发生。

红蜘蛛:茄子红蜘蛛喜高温、低湿的发育环境。最适温度为29～31℃,最适空气相对湿度在35％～55％。

潜叶蝇:阴湿环境利于其发生,高温对其生长不利。一般超过35℃幼虫死亡率明显增加。

4.3 冬春茬茄子

4.3.1 播种育苗期

播种～5叶1心左右。

(1)时间

冀中南:一般在10月中下旬开始。

冀西北:2月中旬—4月下旬。

冀东北:一般无冬春茬茄子种植。

晋　南:12月上旬。

晋东南:12月—翌年1月。

晋　中:一般无冬春茬茄子种植。

晋　北:11月中旬—12月中旬。

蒙　东:一般无冬春茬茄子种植。

蒙　中:10月下旬—翌年1月中旬。

蒙　西:11月下旬。

(2)适宜的气象条件

播种后应使土温经常保持在20～25℃,待大部分幼苗出土后,及时揭开地膜,并适当降温,白天保持20～25℃,夜间为15～18℃,地温仍保持20℃左右。分苗后尽量使白天温度保持在25～30℃,夜温为15～18℃。缓苗后可适当降低温度,最低温度应不低于10℃。

(3)此期天气特点

冀中南:旬平均气温10月中旬13.0～15.4℃、下旬9.9～13.0℃;平均每天日照时数10月中旬5.3～6.8小时、下旬6.1～

7.2 小时。

冀西北：旬平均气温由 2 月中旬的 −9.4～−2.8℃、下旬的 −8.0～−1.2℃、3 月上旬的 −5.5～0.8℃、中旬的 −2.2～3.4℃、下旬的 0.2～5.8℃、4 月上旬的 4.1～9.9℃、中旬的 6.5～12.4℃，到下旬的 8.3～14.2℃；平均每天日照时数为 6.6～9.2 小时。

晋南：12 月上旬旬平均气温为 0.1～2.8℃；平均每天日照时数 4.9～5.6 小时。

晋东南：从 12 月到翌年 1 月，月平均气温分别为 12 月 −4.5～−0.3℃、1 月 6.3～2.2℃；平均每天日照时数 12 月 5.3～6.5 小时、1 月 5.4～6.6 小时。

晋北：旬平均气温 11 月中旬 −4.8～1.1℃、11 月下旬 −7.3～−1.4℃、12 月上旬 −10.0～−3.7℃、12 月中旬 −12.1～−5.3℃；平均每天日照时数 11 月中旬 5.7～7.1 小时、11 月下旬5.1～7.2 小时、12 月上旬 5.0～6.7 小时、12 月中旬 5.0～6.7 小时。

蒙中：10 月下旬旬平均气温为 0.0～10.0℃、11 月月平均气温为 −5.6～−0.9℃、12 月月平均气温为 −12.9～−8.6℃、翌年 1 月上旬旬平均气温为 −15.2～−11.1℃、1 月中旬旬平均气温为 −3.5～18.4℃；平均每天日照时数 10 月下旬 7.3～7.8 小时、11 月 6.5～7.2 小时、12 月 6.0～6.6 小时、翌年 1 月上旬 5.9～6.5 小时、1 月中旬 6.4～7.1 小时。

蒙西：河套灌区 11 月下旬旬平均气温 −4.2～−2.2℃；平均每天日照时数为 7.0～7.6 小时。

（4）主要灾害

冀中南：连阴寡照、大风等。

冀西北：大风、低温冷冻害等。

晋　南：低温冷冻害、强降雪、低温寡照、大风等。

晋东南：低温冷冻害、强降雪、低温寡照、大风等。

晋　北：大风、低温冷冻害、强降雪等。

蒙　中：大风、低温冷冻害、强降雪、低温寡照等。

蒙　西：大风、低温冷冻害、强降雪等。

（5）管理注意事项

注意加强采光和保温，必要时补光和补温。有条件的可用电热温床育苗，严格选择育苗土，做好苗床土消毒工作。

（6）主要病虫害

冀中南：立枯病、猝倒病、黄萎病等病害。

冀西北：猝倒病、根枯病等病害；斑潜蝇等虫害。

晋南：立枯病、根腐病等病害。

晋东南：猝倒病等病害。

晋北：红蜘蛛等虫害。

蒙西：猝倒病、立枯病等病害。

（7）病虫害与气象条件的关系

立枯病：病菌发育的最低温度为 13℃，最适温度为 24℃，最高温度为 42℃，高湿利于发病。苗床温暖多湿，通风不良，幼苗徒长易发病。

猝倒病：土壤湿度大、温度低是猝倒病发生蔓延的主要条件。

黄萎病：地温低于 15℃ 易发病。

根腐病：高温高湿的环境易于发病，连作地、低洼地及黏土地发病严重。

灰霉病：在温度 20℃、空气相对湿度 90% 左右时最易发病。

晚疫病：病菌对温度适应范围广，但对湿度要求严格，一般高湿多雨或重雾多露容易发病。

红蜘蛛：茄子红蜘蛛喜高温、低湿的发育环境。最适温度为 29～31℃，最适空气相对湿度在 35%～55%。

斑潜蝇：发育温度为 5.8～35℃，最适宜温度为 28～31℃，喜高温、高湿（相对湿度 70%～90%）条件。

4.3.2 定植期

（1）时间

　　　　冀中南：1 月下旬—2 月上旬。

　　　　冀西北：5 月上旬—5 月下旬。

晋　　南:2 月上旬。

晋东南:2—3 月。

晋　　北:1 月中旬—2 月中旬。

蒙　　中:1 月下旬—2 月上旬。

蒙　　西:1 月下旬。

（2）适宜的气象条件

白天温度 25～30℃,不宜超过 35℃,夜晚温度 16～15℃,最低不低于 10℃,以促进缓苗。

（3）此期天气特点

冀中南:旬平均气温 1 月下旬—4.1～—0.5℃、2 月上旬—2.6～1.1℃;平均每天日照时数 1 月下旬 5.2～7.0 小时、2 月上旬 5.5～7.2 小时。

冀西北:旬平均气温由 5 月上旬的 11.5～17.1℃、中旬的 12.8～18.5℃,到下旬的 15.1～20.9℃;平均每天日照时数 8.2～9.8 小时。

晋南:2 月上旬旬平均气温—0.9～1.7℃;平均每天日照时数 5.1～5.9 小时。

晋东南:从 2 月到 3 月,月平均气温分别为 2 月—2.5～0.9℃、3 月 2.6～6.4℃;平均每天日照时数 2 月 5.2～6.2 小时、3 月 6.0～7.3 小时。

晋北:旬平均气温为 1 月中旬—14.7～—7.4℃、1 月下旬—14.4～—6.5℃、2 月上旬—12.5～—4.5℃、2 月中旬—8.7～—2.2℃;平均每天日照时数 1 月中旬 5.1～6.8 小时、1 月下旬 6.2～7.9 小时、2 月上旬 6.0～7.5 小时、2 月中旬 5.9～7.4 小时。

蒙中:旬平均气温 1 月下旬—15.2～—10.8℃、2 月上旬—13.2～—8.5℃;平均每天日照时数 1 月下旬 6.6～7.3 小时、2 月上旬 7.0～7.5 小时。

蒙西:河套灌区 1 月下旬旬平均气温—10.8～—8.1℃;平均每天日照时数 7.0～7.5 小时。

（4）主要灾害

冀中南：低温冷冻害、强降雪、低温寡照、大风等。

冀西北：低温冷冻害、大风等。

晋　南：低温冷冻害、低温寡照、大风、强降雪等。

晋东南：低温冷冻害、低温寡照、大风、强降雪、连阴寡照等。

晋　北：低温冷冻害、强降雪、大风等。

蒙　中：低温冷冻害、强降雪、大风、低温寡照等。

蒙　西：低温冷冻害、强降雪、大风等。

（5）管理注意事项

缓苗期要密封温室不通风，尽量创造较高的温度条件；心叶开始生长后缓苗结束要通风降温。注意保温和采光。注意灌水后放风排湿。

（6）主要病虫害

冀中南：立枯病、猝倒病、黄萎病等病害。

冀西北：灰霉病、黄萎病、青枯病等病害；茶黄螨、红蜘蛛、白粉虱等虫害。

晋南：立枯病、根腐病等病害。

晋东南：白粉虱、潜叶蝇等虫害；灰霉病、叶霉病等病害。

晋北：病毒病等病害。

蒙中：猝倒病、立枯病、沤根等病害。

蒙西：猝倒病、立枯病、沤根等病害。

（7）病虫害与气象条件的关系

立枯病：病菌发育的最低温度为 13℃，最适温度为 24℃，最高温度为 42℃，高湿利于发病。

猝倒病：土壤湿度大、温度低是猝倒病发生蔓延的主要条件。

黄萎病：地温低于 15℃ 易发病。

灰霉病：在温度 20℃、空气相对湿度 90％ 左右时最易发病。

青枯病：发病最适宜的土温为 25℃ 左右。

根腐病：发病适宜地温 10～20℃，高湿的环境易于发病，连作地、低洼地及黏土地发病严重。

晚疫病:病菌对温度适应范围广,但对湿度要求严格,一般高湿多雨或重雾多露容易发病。

叶霉病:病菌发育适温为 20～23℃,需要 85% 以上空气相对湿度,喜弱光。

病毒病:高温、干旱、光照强的条件下发病较重。

沤根:地温低于 12℃,持续时间较长,且浇水过量或遇连阴天;苗床温度过低,幼苗发生萎蔫,萎蔫持续时间长等,均易产生沤根。

茶黄螨:发生危害适宜温度为 16～27℃,空气相对湿度为 45%～90%。茶黄螨形成周期短,繁殖力强,温暖多湿条件易发生。

红蜘蛛:茄子红蜘蛛喜高温、低湿的发育环境。最适温度为 29～31℃,最适空气相对湿度在 35%～55%。

白粉虱:繁殖的最适宜温度为 18～21℃,在温室条件下完成 1 代需要 30 天左右。

潜叶蝇:阴湿环境利于其发生,高温对其生长不利。一般超过 35℃幼虫死亡率明显增加。

4.3.3　花果期

(1)时间

冀中南:3 月上中旬—6 月。

冀西北:6 月上旬—7 月。

晋　南:3 月中旬—6 月。

晋东南:4—9 月。

晋　北:3 月上旬—4 月下旬。

蒙　中:2 月下旬—7 月中旬。

蒙　西:4 月上旬—6 月中旬。

(2)适宜的气象条件

白天 25～30℃,夜间气温不低于 15℃。

(3)此期天气特点

冀中南:月平均气温 3 月 5.5～8.5℃、4 月 13.8～16.1℃、5 月 19.6～21.7℃、6 月 24.2～26.4℃;平均每天日照时数 3 月 6.1～

7.7 小时、4 月 7.4～8.7 小时、5 月 7.5～9.1 小时、6 月 7.1～8.9
小时。

冀西北:月平均气温由 6 月的 17.6～23.0℃,到 7 月的 19.7～
24.8℃;平均每天日照时数 6 月 8.1～9.6 小时、7 月 7.6～8.9
小时。

晋南:从 3 月到 6 月,月平均气温分别为 3 月 6.4～9.0℃、4 月
13.6～15.9℃、5 月 19.0～21.3℃、6 月 23.0～26.0℃;平均每天日
照时数 3 月 5.4～6.1 小时、4 月 6.5～7.3 小时、5 月 7.2～8.0 小
时、6 月 6.7～7.8 小时。

晋东南:从 4 月到 9 月,月平均气温分别为 4 月 9.9～13.7℃、5
月 15.4～18.9℃、6 月 19.2～23.0℃、7 月 20.9～24.6℃、8 月
19.5～23.1℃、9 月 15.0～18.4℃;平均每天日照时数 4 月 7.2～
8.6 小时、5 月 7.8～9.4 小时、6 月 7.0～8.6 小时、7 月 6.2～8.1 小
时、8 月 6.0～7.9 小时、9 月 5.3～6.9 小时。

晋北:月平均气温 3 月－2.1～4.0℃、4 月 6.4～12.2℃;平均每
天日照时数 3 月 6.7～8.4 小时、4 月 7.6～9.1 小时。

蒙中:月平均气温由 2 月的－11.0～－5.8℃、3 月的－4.3～
1.4℃、4 月的 4.8～10.3℃、5 月的 12.1～17.2℃、6 月的 17.2～
21.8℃,到 7 月的 19.3～23.7℃;平均每天日照时数 2 月 7.0～7.6
小时、3 月 7.8～8.3 小时、4 月 8.9～9.2 小时、5 月 9.3～9.5 小时、
6 月 9.3～9.6 小时、7 月 8.6～9.0 小时。

蒙西:河套灌区从 4 月到 6 月,月平均气温分别为 4 月 9.2～
10.2℃、5 月 16.6～17.℃、6 月 21.5～22.1℃;平均每天日照时数 4
月 9.2～10.0 小时、5 月 10.0～10.8 小时、6 月 7.2～7.8 小时。

(4)主要灾害

冀中南:低温冷冻害、连阴寡照、大风、高温高湿等。

冀西北:风雹、大风、洪涝等。

晋　南:低温冷冻害、连阴寡照、大风、高温高湿等。

晋东南:大风、高温高湿、连阴寡照、光照强度过大、雨涝等。

晋　北:低温冷冻害、大风等。

蒙　　中:低温冷冻害、高温高湿、大风等。

蒙　　西:高温高湿、大风等。

(5)管理注意事项

连阴寡照时,注意对散射光的利用;通过通风和保温措施严格控制好昼夜温度;阴天或浇水后室内湿度大,容易诱发病害,要做好通风降湿管理。

(6)主要病虫害

冀中南:绵疫病、纹枯病、灰霉病、黄萎病、枯萎病等病害。

冀西北:灰霉病、黄萎病、青枯病等病害;茶黄螨、红蜘蛛、白粉虱等虫害。

晋南:绵疫病、褐纹病等病害;蚜虫、茶黄螨、白粉虱等虫害。

晋东南:灰霉病、叶霉病等病害;白粉虱、潜叶蝇等虫害。

晋北:病毒病等病害。

蒙中:炭疽病、绵疫病、黄萎病等病害;蚜虫等虫害。

蒙西:黄萎病、灰霉病等病害;红蜘蛛等虫害。

(7)病虫害与气象条件的关系

绵疫病:温度为 25~30℃、空气相对湿度在 80% 以上时发病快。

灰霉病:在温度 20℃、空气相对湿度 90% 左右时最易发病。

黄萎病:地温低于 15℃ 易发病。

枯萎病:在温度达 25~28℃、土壤潮湿时,利于发病。

青枯病:发病最适宜的土温为 25℃ 左右。

茶黄螨:发生危害适宜温度为 16~27℃,空气相对湿度为 45%~90%,茶黄螨形成周期短,繁殖力强,温暖多湿条件易暴发成灾。

褐纹病:发病适温为 28~30℃,适宜空气相对湿度在 80% 以上。

晚疫病:病菌对温度适应范围广,但对湿度要求严格,一般高湿多雨或重雾多露容易发病。

叶霉病:病菌发育适温为 20~23℃,需要 85% 以上空气相对湿度,喜弱光。

病毒病:高温干旱、管理粗放、蚜虫发生量大的情况下发病较重。

炭疽病：在高温高湿的气候条件下很容易发病。田间发病最适温度为 24℃ 左右。当温度适宜,空气相对湿度在 87％～98％时,病菌潜育期仅为 3 天。空气相对湿度低于 54％时,炭疽病不易发生。

潜叶蝇：阴湿环境利于其发生,高温对其生长不利。一般超过 35℃ 幼虫死亡率明显增加。

蚜虫：高温干旱天气有利于蚜虫繁殖、迁飞活动。蚜虫在 20℃ 左右、气候干燥的条件下繁殖迅速,高温高湿不利于繁殖。

红蜘蛛：茄子红蜘蛛喜高温、低湿的发育环境。最适温度为 29～31℃,最适空气相对湿度为 35％～55％。

白粉虱：繁殖的最适宜温度为 18～21℃,在温室条件下完成 1 代需要 30 天左右。

参考文献

范立军,陈晓东.2011.蔬菜苗期猝倒病的发生规律与防治技术[J].吉林蔬菜,(6):815.

冯渊博,李婷,曹瑛,等.2012.棚栽茄子主要病虫无公害防治[J].西北园艺(蔬菜),(1):40-41.

耿文,李兆虎.2011.日光温室茄子高效栽培技术[J].农技服务,(5):602-603.

金双义.2004.温室白粉虱的发生及防治[J].农村实用科技信息,(4):34.

姜钧武.2012.日光温室秋冬茬茄子丰产栽培技术[J].吉林蔬菜,(5):18-19.

李荣刚,李春宁,胡木强,等.2004.河北设施农业技术模式 1000 例[M].石家庄:河北科学技术出版社.

李志刚.2011.日光温室越冬茬茄子丰产栽培技术[J].西北园艺,(1):17-19.

刘国良.2009.茄子主要病害的发生与防治措施[J].吉林蔬菜,(1):45-46.

马建.2004.茄子病毒病[OL].[2004-03-03].http://www.caas.net.cn/nykjxx/njbk/34720.shtml.

马占元.1997.日光温室实用技术大全[M].石家庄:河北科学技术出版社.

热比亚木·库尔班.2011.茄子田菜螨的发生与综合防治[J].农村科技,(4):35.

石金叶,马尔古丽.2010.茄子蚜虫的防治[J].农村科技,(9):44-45.

宋亚娟.2012.茄子主要病虫害的发生与防治方法[J].吉林蔬菜,(11):32-33.

宋茉莉.2012.茄子白粉病防治措施[J].现代农业,(7):25.

桑立华,张希成.2013.温室大棚茄子高产栽培技术[J].农技服务,(3):220-222.

吴晓磊.2010.日光温室秋冬茬茄子高产栽培技术[OL].[2010-11-24].http://www.farmers.org.cn/Article/ShowArticle.asp?ArticleID=83426

王建斌.2011.越冬茄子的栽培技术[OL].[2011-12-23].http://www.farmers.org.cn/Article/ShowArticle.asp?ArticleID=150058.

王燕峰.2007.安阳市茄子田叶螨发生为害规律及防治方法[J].中国植保导刊,(3):18-19.

王久兴.2002.图解蔬菜病虫害防治[M].天津:天津科学技术出版社.

王亚跃,李宝芹.2012.大棚茄子主要病虫害综合防治技术[J].农民致富之友,(8):94.

万敏,颜兴贵.2006.茄子茶黄螨的发生与防治技术[J].植物医生,(19):13.

薛连秋,冯春,董素香,等.2007.温室蔬菜美洲斑潜蝇综合防控技术[J].辽宁农业职业技术学院学报,(4):39-40.

徐森富,赵国富.2004.温室潜叶蝇的危害与防治[J].上海蔬菜,(2):49.

姚士桐,郑永利.2007.茄果类蔬菜青枯病的发生与防治[J].中国蔬菜,(4):53-54.

于洋,李宝聚,陈雪,等.2006.瓜类及茄果类炭疽病的识别与防治[J].中国蔬菜,(12):49-50.

杨树廷,2011.日光温室茄子栽培技术[J].现代农业,(3):20-21.

张旭辉.2012.茄子主要病虫害发生症状与防治措施[J].现代农业科技,(21):156-158.

张永放.2012.茄子主要病害的识别与综合防治[J].西北园艺(蔬菜),(1):41-42.

张振波.2013.日光温室茄子几种病虫害的防治[J].河南农业,(11):28.

周艳秋.2011.城郊结合部冬暖大棚茄子秋冬茬栽培技术[J].北京农业,(6):46-47.

第 **5** 章

日光温室青椒气象服务基础

5.1　秋冬茬青椒

5.1.1　播种育苗期

从播种到 7 片真叶左右。

（1）时间

冀中南：7 月下旬—8 月上旬。

冀西北：7 月中旬—9 月中旬。

冀东北：7 月中下旬。

晋　南：一般无秋冬茬青椒种植。

晋东南：8 月上旬—9 月上旬。

晋　中：一般无秋冬茬青椒种植。

蒙　东：一般无秋冬茬青椒种植。

蒙　中：6 月中旬—7 月中旬。

蒙　西：6 月中旬—7 月上旬。

（2）适宜的气象条件

从播种到出土，温度白天 25～30℃，夜间 18～20℃，6～7 天可出苗，70％苗出齐后，将床面上覆盖的地膜揭去，适当降温，白天23～28℃，夜间 15～17℃。

（3）此期天气特点

冀中南：此时处于主汛期，旬平均气温 7 月下旬 26.5～27.6℃、

8月上旬25.8～27.2℃；平均每天日照时数7月下旬5.5～7.7小时、8月上旬5.4～7.8小时。

冀西北：旬平均气温由7月中旬的19.7～24.8℃、下旬的20.1～25.1℃、8月上旬的19.2～24.2℃、8月中旬的18.0～23.3℃、8月下旬的16.5～22.0℃、9月上旬的14.3～20.0℃，到9月中旬的12.2～17.9℃；平均每天日照时数7.0～8.9小时。

冀东北：旬平均气温7月中旬22.3～26.0℃、下旬22.8～26.5℃；平均每天日照时数5.6～7.5小时。

晋东南：8月月平均气温为19.5～23.1℃、9月上旬旬平均气温为16.8～20.3℃；平均每天日照时数8月6.0～7.9小时、9月上旬5.4～7.0小时。

晋北：从6月到7月，月平均气温分别为6月17.9～23.1℃、7月19.7～24.9℃；平均每天日照时数分别为6月7.7～9.4小时、7月7.2～9.3小时。

蒙中：旬平均气温由6月中旬的17.0～21.8℃、下旬的18.1～22.8℃，到7月上旬的19.1～23.5℃、7月中旬的19.5～23.9℃；平均每天日照时数由6月中旬的8.7～9.4小时、下旬的9.1～9.5小时，到7月上旬的8.9～9.3小时、7月中旬的8.9～9.3小时。

蒙西：河套灌区旬平均气温由6月中旬的21.5～22.4℃，到6月下旬的22.6～23.8℃、7月上旬22.7～23.5℃；期间平均每天日照时数在9.9～10.8小时之间变化。

（4）主要灾害

冀中南：光照强度过大、高温高湿、雨涝、连阴寡照、大风等。

冀西北：风雹、洪涝、大风等。

冀东北：高温闷热、连阴寡照、雨涝等。

晋东南：光照强度过大、高温高湿、雨涝、连阴寡照、大风等。

晋　北：高温、大风等。

蒙　中：高温、大风等。

蒙　西：高温、大风等。

（5）管理注意事项

出苗后避开中午强光高温，注意遮荫，做好防病虫害、防雨淋、防伤根。

（6）主要病虫害

冀中南：病毒病等病害。

冀西北：病害较少，易发生茶黄螨、红蜘蛛等虫害。

冀东北：病毒病等病害。

晋东南：猝倒病等病害。

晋北：病毒病等病害。

蒙中：青枯病、早疫病等病害；蝼蛄、小地老虎等虫害。

蒙西：青枯病、早疫病等病害。

（7）病虫害与气象条件的关系

病毒病：高温、干旱、光照强的条件下发病较重。

猝倒病：低温、高湿易诱发猝倒病。

青枯病：连年重茬及温室内高温高湿是发病的主要原因。

小地老虎：适宜生活的温度为 $15\sim25℃$，高于 $28℃$ 或低于 $12℃$ 均不利于其发生。

茶黄螨：发生危害的最适温度为 $16\sim27℃$，空气相对湿度为 $45\%\sim90\%$，温暖多湿的环境利于发生。

5.1.2 定植期

（1）时间

冀中南：9 月。

冀西北：9 月下旬—10 月中旬。

冀东北：9 月上旬。

晋东南：9 月中旬—10 月上旬。

晋 北：8 月上旬—8 月下旬。

蒙 中：7 月下旬。

蒙 西：7 月下旬。

（2）适宜的气象条件

蹲苗期白天温度保持在 20～30℃,夜间温度保持在 15～18℃,地温 20℃左右。

（3）此期天气特点

冀中南:9 月月平均气温为 19.6～21.5℃;平均每天日照时数为 5.9～7.7 小时。

冀西北:旬平均气温由 9 月下旬的 10.1～15.8℃、10 月上旬的 10.3～13.5℃,到中旬的 5.2～10.9℃;平均每天日照时数为 7.3～8.4 小时。

冀东北:9 月上旬旬平均气温 17.5～22.5℃;平均每天日照时数 6.8～8.5 小时。

晋东南:旬平均气温 9 月中旬 15.0～18.5℃、9 月下旬 13.1～16.5℃、10 月上旬 11.4～14.6℃;平均每天日照时数 9 月中旬 5.5～6.9 小时、9 月下旬 5.6～6.8 小时、10 月上旬 5.6～6.8 小时。

晋北:8 月月平均气温为 17.7～22.6℃;平均每天日照时数为 7.0～8.7 小时。

蒙中:7 月下旬旬平均气温在 19.4～23.6℃;平均每天日照时数为 8.0～8.4 小时。

蒙西:河套灌区 7 月下旬旬平均气温在 23.6～24.7℃;平均每天日照时数为 7.4～9.9 小时。

（4）主要灾害

冀中南:高温高湿、连阴寡照、大风等。

冀西北:大风、洪涝等。

冀东北:连阴寡照、大风等。

晋东南:高温高湿、连阴寡照、大风等。

晋　北:风雹、大风、洪涝等。

蒙　中:高温、大风等。

蒙　西:高温、大风等。

（5）管理注意事项

定植应在阴天、多云天进行,或在晴天的傍晚进行,以防止苗打蔫。注意通风,白天温度不超过 30℃,夜间不低于 18~16℃。

(6)主要病虫害

冀中南:病毒病等病害。

冀西北:疫病、炭疽病、病毒病、疮痂病、软腐病等病害;棉铃虫、斑潜蝇等虫害。

冀东北:病毒病等病害。

晋东南:灰霉病、叶霉病等病害;白粉虱、潜叶蝇等虫害。

晋北:病毒病等病害;蚜虫等虫害。

蒙中:青枯病、早疫病等病害。

蒙西:青枯病、早疫病等病害。

(7)病虫害与气象条件的关系

病毒病:高温、干旱、光照强的条件下发病较重。

疫病:一般气温在 25~30℃、空气相对湿度在 90% 以上时,发病严重。

炭疽病:该病菌孢子萌发和侵染最适温度为 25~28℃,要求 95% 以上的空气相对湿度,空气相对湿度低于 70% 不利于发病。

疮痂病:高温高湿是发病的主要条件,病菌发育的适宜温度为 27~30℃。

软腐病:种植地连作、低洼潮湿、阴雨天多、蛀果害虫多等,易发病。

灰霉病:发病的适温为 20~25℃,空气相对湿度在 90% 以上。

叶霉病:一般气温 22℃ 左右,空气相对湿度 90% 以上,有利于病源侵染和病害发生。

青枯病:连年重茬及温室内高温高湿是发病的主要原因。

棉铃虫:最适温度为 25~28℃。适宜温度下,温度越低,生长周期越长;温度越高,各代发育时间越短。

斑潜蝇:在气温 24℃ 以上,幼虫期平均为 4~7 天。35℃ 以上,自然死亡率高,活动减弱。

白粉虱:成虫活动的最适气温为 25~30℃,低温、高温均能抑制成虫的活动。

5.1.3　花果期

（1）时间

　　　　冀中南：11 月—翌年 2 月。

　　　　冀西北：10 月下旬—翌年 3 月中旬。

　　　　冀东北：11 月—翌年 2 月。

　　　　晋东南：11—12 月。

　　　　晋　北：9 月上旬—10 月下旬。

　　　　蒙　中：9 月上旬—12 月下旬。

　　　　蒙　西：9 月下旬—12 月下旬。

（2）适宜的气象条件

　　白天温度应保持在 20～25℃，夜间 13～18℃，最低应控制在 8℃以上。

（3）此期天气特点

　　冀中南：月平均气温 11 月 3.8～7.0℃、12 月 −2.5～1.0℃、1 月 −4.6～−0.9℃、2 月 −1.1～2.7℃；平均每天日照时数 11 月 4.9～6.2 小时、12 月 4.5～5.9 小时、1 月 4.6～6.3 小时、2 月 5.3～7.0 小时。

　　冀西北：从 10 月到翌年 3 月，月平均气温分别为 10 月 4.9～10.6℃、11 月 −4.6～1.6℃、12 月 −8.7～−5.0℃、翌年 1 月 −10.8～−7.0℃、2 月 −10.0～−3.3℃、3 月 −2.4～3.4℃；平均每天日照时数 10 月 7.3～7.8 小时、11 月 6.3～7.2 小时、12 月 5.6～6.3 小时、翌年 1 月 6.2～6.8 小时、2 月 6.8～7.5 小时、3 月 7.3～8.0 小时。

　　冀东北：月平均气温 11 月 −1.6～4.8℃、12 月 −8.9～−1.7℃、翌年 1 月 −10.9～−4.3℃、2 月 −6.5～−1.1℃；平均每天日照时数 11 月 5.6～7.0 小时、12 月 5.2～6.6 小时、翌年 1 月 5.7～7.0 小时、2 月 6.4～7.5 小时。

　　晋东南：月平均气温由 11 月的 1.9～5.6℃，到 12 月的 −4.5～

−0.3℃;平均每天日照时数 11 月 5.6～6.8 小时、12 月 5.3～6.5 小时。

晋北:月平均气温 9 月 12.3～17.4℃、10 月 4.9～10.2℃;平均每天日照时数 9 月 6.6～8.3 小时、10 月 6.7～8.0 小时。

蒙中:月平均气温 9 月 13.5～17.9℃、10 月 6.0～12.0℃、11 月 −4.4～2.0℃、12 月 −10.9～−5.6℃;平均每天日照时数由 9 月上旬的 8.3 小时,到 12 月下旬的 5.7 小时。

蒙西:河套灌区 9 月下旬旬平均气温为 13.1～14.3℃、10 月月平均气温为 8.2～9.0℃、11 月月平均气温为 −1.3～0.5℃、12 月月平均气温为 −8.6～−6.0℃;平均每天日照时数在 6.8～10.2 小时之间变化。

(4)主要灾害

冀中南:强降雪、低温寡照、大风、低温冷冻害等。

冀西北:低温冷冻害、大风、强降雪等。

冀东北:强降雪、低温寡照、大风、低温冷冻害等。

晋东南:低温寡照、大风、低温冷冻害、强降雪等。

晋　北:大风、低温冷冻害等。

蒙　中:低温冷冻害、大风、强降雪、低温寡照等。

蒙　西:低温冷冻害、大风、强降雪等。

(5)管理注意事项

增强防冻保暖措施,增加无纺布,双草苫覆盖等;加强透光管理,有条件的可增加光照;注意对散射光的利用;通过通风和保温措施严格控制好昼夜温度。

(6)主要病虫害

冀中南:灰霉病、叶霉病等病害。

冀西北:疫病、炭疽病、病毒病、疮痂病、软腐病等病害;棉铃虫、斑潜蝇等虫害。

冀东北:灰霉病、叶霉病等病害。

晋东南:灰霉病、叶霉病等病害;白粉虱、潜叶蝇等虫害。

晋北:病毒病等病害。

蒙中:青枯病、早疫病等病害。

蒙西:疫病、灰霉病等病害。

(7)病虫害与气象条件的关系

灰霉病:发病的适温为 20～25℃,空气相对湿度在 90％以上。

叶霉病:一般气温 22℃左右,空气相对湿度 90％以上,有利于病源侵染和病害发生。

疫病:一般气温在 25～30℃、空气相对湿度在 90％以上时,发病严重。

炭疽病:该病菌孢子萌发和侵染最适温度是 25～28℃,要求 95％以上的空气相对湿度,空气相对湿度低于 70％不利发病。

病毒病:高温、干旱、光照强的条件下发病较重。

疮痂病:高温高湿是发病的主要条件,病菌发育的适宜温度为 27～30℃。

软腐病:种植地连作、低洼潮湿、阴雨天多、蛀果害虫多等,易发病。

青枯病:连年重茬及温室内高温高湿是发病的主要原因。

棉铃虫:最适温度为 25～28℃。适宜温度下,温度越低,生长周期越长;温度越高,各代发育时间越短。

斑潜蝇:在 24℃以上,幼虫期平均为 4～7 天。35℃以上,自然死亡率高,活动减弱。

菜青虫:发育最适温度为 20～25℃,空气相对湿度为 76％左右。

白粉虱:成虫活动的最适气温为 25～30℃,低温、高温均能抑制成虫的活动。

5.2 越冬茬青椒

5.2.1 播种育苗期

从播种到 5 片真叶左右。

(1)时间

        冀中南:9 月。

        冀西北:8 月中旬—10 月中旬。

        冀东北:8 月中旬。

        晋　南:8 月下旬。

        晋东南:10—11 月。

        晋　中:当地一般无越冬茬青椒种植。

        晋　北:当地一般无越冬茬青椒种植。

        蒙　东:8 月初。

        蒙　中:当地一般无越冬茬青椒种植。

        蒙　西:8 月下旬—9 月中旬。

(2)适宜的气象条件

播后温度白天 25~30℃,夜间 15~20℃。

(3)此期天气特点

冀中南:9 月月平均气温为 19.6~21.5℃;平均每天日照时数为 5.9~7.7 小时。

冀东北:8 月中旬旬平均气温 21.0~25.2℃;平均每天日照时数 6.1~7.8 小时。

冀西北:旬平均气温由 8 月中旬的 18.0~23.3℃、下旬的 16.5~22.0℃、9 月上旬的 14.3~20.0℃、中旬的 12.2~17.9℃、下旬的 10.1~15.8℃、10 月上旬的 10.3~13.5℃,到中旬的 5.2~10.9℃;平均每天日照时数为 7.3~8.8 小时。

晋南:8 月下旬旬平均气温 23.0~26.0℃;平均每天日照时数为 6.0~7.0 小时。

晋东南:月平均气温 10 月 9.2～12.5℃、11 月 1.9～5.6℃;平均每天日照时数 10 月 5.5～7.0 小时、11 月的 5.6～6.8 小时。

蒙东:8 月上旬旬平均温度在 20.3～23.5℃之间;平均每天日照时数为 7.9～8.5 小时。

蒙西:河套灌区旬平均气温 8 月下旬 20.1～21.1℃、9 月上旬 17.6～18.5℃、9 月中旬 15.8～16.9℃;平均每天日照时数8.9～9.7 小时。

(4)主要灾害

冀中南:高温高湿、连阴寡照、大风等。

冀西北:风雹、洪涝、大风等。

冀东北:高温高湿、连阴寡照等。

晋　南:光照强度过大、高温高湿、雨涝、连阴寡照、大风等。

晋东南:低温寡照、大风等。

蒙　东:大风、高温、洪涝等。

蒙　西:大风、高温高湿等。

(5)管理注意事项

高温时根据天气注意通风降温;遮荫防雨。

(6)主要病虫害

冀中南:立枯病、沤根、病毒病等病害。

冀西北:病害较少,易发生斑潜蝇等虫害。

冀东北:病毒病等病害。

晋南:立枯病、疫病等病害;蚜虫、螨虫、白粉虱等虫害。

晋东南:猝倒病等病害。

蒙东:猝倒病等病害。

蒙西:立枯病等病害。

(7)病虫害与气象条件的关系

立枯病:病菌的适宜生长温度为 24℃左右,在 12℃以下或 30℃以上病菌生长受到抑制。

沤根:地温低于 12℃,持续时间较长,且浇水过量或遇连阴雨天;苗床温度过低,幼苗发生萎蔫,萎蔫持续时间长等,均易产生沤根。

病毒病:高温、干旱、光照强的条件下发病较重。

疫病:一般气温在 25～30℃、空气相对湿度在 90％以上时,发病严重。

猝倒病:低温、高湿易诱发猝倒病。

斑潜蝇:在气温 24℃ 以上,幼虫期平均为 4～7 天。35℃ 以上,自然死亡率高,活动减弱。

白粉虱:成虫活动的最适气温为 25～30℃,低温、高温均能抑制成虫的活动。

5.2.2 定植期

(1)时间

冀中南:10 月中旬—11 月上旬。

冀西北:10 月下旬—11 月下旬。

冀东北:10 月上旬。

晋 南:10 月中下旬。

晋东南:12 月—翌年 1 月。

蒙 东:9 月末。

蒙 西:9 月下旬。

(2)适宜的气象条件

白天 25～30℃,夜间 16～20℃。缓苗后白天 23～27℃,夜间15～17℃。

(3)此期天气特点

冀中南:旬平均气温 10 月中旬 13.0～15.4℃、下旬 9.9～13.0℃、11 月上旬 6.9～10.3℃;平均每天日照时数 10 月中旬 5.3～6.8 小时、下旬 6.1～7.2 小时、11 月上旬 5.5～6.7 小时。

冀西北:旬平均气温由 10 月下旬的 2.0～7.8℃、11 月上旬的 —1.1～4.8℃、中旬的 —4.2～1.2℃,到下旬的 —7.5～—1.2℃;平均每天日照时数 6.0～7.7 小时。

冀东北:10 月上旬旬平均气温 10.9～16.6℃;平均每天日照时

数 6.6～8.0 小时。

晋南：旬平均气温 10 月中旬 13.0～16.0℃、下旬 12.0～14.0℃；平均每天日照时数 5.0～8.0 小时。

晋东南：从 12 月到翌年 1 月，月平均气温分别为 12 月－4.5～－0.3℃、1 月 6.3～2.2℃；平均每天日照时数 12 月 5.3～6.5 小时、1 月 5.4～6.6 小时。

蒙东：9 月下旬旬平均气温 12.4～14.4℃；平均每天日照时数8.4～8.7 小时。

蒙西：河套灌区 9 月下旬旬平均气温 13.6～14.5℃；平均每天日照时数 8.1～8.9 小时。

（4）主要灾害

冀中南：连阴寡照、低温寡照、大风等。

冀西北：低温冷冻害、大风等。

冀东北：低温寡照、连阴寡照、大风等。

晋　南：连阴寡照、大风等。

晋东南：低温冷冻害、强降雪、低温寡照、大风等。

蒙　东：大风、高温高湿等。

蒙　西：大风、高温高湿等。

（5）管理注意事项

根据天气及温室内湿度及时通风，固定好棚膜以防大风刮坏，及时加盖草苫。

（6）主要病虫害

冀中南：立枯病、沤根、病毒病等病害；红蜘蛛等虫害。

冀西北：疫病、炭疽病、病毒病、疮痂病、软腐病等病害；棉铃虫、斑潜蝇等虫害。

冀东北：病毒病等病害。

晋南：立枯病、疫病、病毒病等病害；蚜虫、螨虫、白粉虱等虫害。

晋东南：灰霉病、叶霉病等病害；白粉虱、潜叶蝇等虫害。

蒙东：茎基腐病、根腐病等病害。

蒙西：立枯病等病害。

（7）病虫害与气象条件的关系

立枯病：病菌的适宜生长温度为 24℃左右，在 12℃以下或 30℃以上病菌生长受到抑制。

沤根：地温低于 12℃，持续时间较长，且浇水过量或遇连阴雨天；苗床温度过低，幼苗发生萎蔫，萎蔫持续时间长等，均易产生沤根。

病毒病：高温、干旱、光照强的条件下发病较重。

疫病：一般气温在 25～30℃、空气相对湿度在 90％以上时，发病严重。

炭疽病：该病菌孢子萌发和侵染最适温度是 25～28℃，要求 95％以上的空气相对湿度，空气相对湿度低于 70％不利发病。

疮痂病：高温高湿是发病的主要条件，病菌发育的适宜温度为 27～30℃。

软腐病：种植地连作、低洼潮湿、阴雨天多、蛀果害虫多等，易发病。

灰霉病：发病的适温为 20～25℃，空气相对湿度在 90％以上。

叶霉病：一般气温 22℃左右，空气相对湿度 90％以上，有利于病源侵染和病害发生。

根腐病：病菌发育适温为 24～28℃，田间积水，偏施氮肥时发病重。

棉铃虫：最适生活温度为 25～28℃。适宜温度下，温度越低，生长周期越长；温度越高，各代发育时间越短。

斑潜蝇：在 24℃以上，幼虫期平均为 4～7 天。35℃以上，自然死亡率高，活动减弱。

白粉虱：成虫活动的最适气温为 25～30℃，低温、高温均能抑制成虫的活动。

5.2.3　花果期

（1）时间

　　　　冀中南:1—6 月。

　　　　冀西北:11 月下旬—翌年 4 月。

　　　　冀东北:12 月上旬—翌年 5 月中下旬。

　　　　晋　南:12 月中下旬—翌年 6 月。

　　　　晋东南:2—4 月。

　　　　蒙　东:11 月下旬—翌年 5 月下旬。

　　　　蒙　西:11 月中旬—翌年 6 月中旬。

（2）适宜的气象条件

适温白天 25～28℃,夜晚 17～20℃。地温保持在 18℃以上。

（3）此期天气特点

冀中南:月平均气温 1 月－4.6～－0.9℃、2 月－1.1～2.7℃、3 月 5.5～8.5℃、4 月 13.8～16.1℃、5 月 19.6～21.7℃、6 月 24.2～26.4℃;平均每天日照时数 1 月 4.6～6.3 小时、2 月 5.3～7.0 小时、3 月 6.1～7.7 小时、4 月 7.4～8.7 小时、5 月 7.5～9.1 小时、6 月 7.1～8.9 小时。

冀西北:从 11 月到翌年 4 月,月平均气温分别为 11 月－4.6～1.6℃、12 月－8.7～－5.0℃、1 月－14.4～－7.0℃、2 月－10.0～－3.3℃、3 月－2.4～3.4℃、4 月 6.3～12.1℃;平均每天日照时数 10 月 7.3～7.8 小时、11 月 6.3～7.2 小时、12 月 5.6～6.3 小时、1 月 6.2～6.8 小时、2 月 6.8～7.5 小时、3 月 7.3～8.0 小时、4 月 8.1～8.9 小时。

冀东北:从 12 月到翌年 5 月,月平均气温 12 月－8.9～－1.7℃、1 月－10.9～－4.3℃、2 月－6.5～－1.1℃、3 月 1.0～5.5℃、4 月 10.1～13.9℃、5 月 16.4～19.8℃;平均每天日照时数 12 月 5.2～6.6 小时、1 月 5.7～7.0 小时、2 月 6.4～7.5 小时、3 月 7.0～8.2 小时、4 月 7.6～8.9 小时、5 月 7.9～9.2 小时。

晋南:从 12 月到翌年 6 月,月平均气温分别为 12 月－1.3～

1.6℃、1 月−2.9～−0.2℃、2 月 0.8～3.5℃、3 月 6.4～9.0℃、4 月 13.6～15.9℃、5 月 19.0～21.3℃、6 月 23.0～26.0℃；平均每天日照时数 12 月 4.8～5.6 小时、1 月 4.7～5.5 小时、2 月 4.5～5.3 小时、3 月 5.4～6.1 小时、4 月 6.5～7.3 小时、5 月 7.2～8.0 小时、6 月 6.7～7.8 小时。

晋东南：从 2 月到 4 月，月平均气温分别为 2 月−2.5～0.9℃、3 月 2.6～6.4℃、4 月 9.9～13.7℃；平均每天日照时数 2 月 5.2～6.2 小时、3 月 6.0～7.3 小时、4 月 7.2～8.6 小时。

蒙东：11 月下旬旬平均气温为−7.4～−4.3℃、12 月月平均气温为−10.8～−7.9℃、1 月月平均气温为−13.1～−10.5℃、2 月月平均气温为−9.3～−6.6℃、3 月月平均气温为−2.3～0.3℃、4 月月平均气温为 9.6～10.0℃、5 月月平均气温为 15.4～16.9℃；平均每天日照时数 11 月下旬 6.4～7.0 小时、12 月 6.1～6.7 小时、1 月 6.6～7.3 小时、2 月 7.5～8.2 小时、3 月 7.9～8.7 小时、4 月 8.4～8.7 小时、5 月 8.6～9.2 小时。

蒙西：河套灌区从 11 月到翌年 6 月，月平均气温分别为 11 月−1.6～−0.4℃、12 月−10.1～−7.2℃、1 月−12.6～−9.7℃、2 月−8.0～−5.7℃、3 月 0.2～1.4℃、4 月 8.7～10.2℃、5 月 16.3～17.5℃、6 月 21.3～22.1℃；平均每天日照时数 11 月 7.2～7.8 小时、12 月 6.5～7.2 小时、1 月 6.9～7.6 小时、2 月 7.6～8.2 小时、3 月 8.3～9.0 小时、4 月 9.2～10.0 小时、5 月 10.0～10.8 小时、6 月 10.2～10.8 小时。

(4)主要灾害

冀中南：低温冷冻害、强降雪、低温寡照、大风、连阴寡照、高温高湿等。

冀西北：低温冷冻害、大风、强降雪等。

冀东北：低温冷冻害、强降雪、低温寡照、大风、连阴寡照、高温高湿等。

晋　　南：低温冷冻害、强降雪、低温寡照、大风、连阴寡照、高温高湿等。

晋东南：低温冷冻害、强降雪、低温寡照、大风、连阴寡照、高温高湿等。

蒙　东：低温冷冻害、低温寡照、大风、强降雪、高温高湿等。

蒙　西：低温冻害、大风、强降雪、高温高湿等。

（5）管理注意事项

增强防冻保暖措施，增加无纺布，双草苫覆盖等；尽量延长光照时间；注意对散射光的利用；通过通风和保温措施严格控制好昼夜温度。

（6）主要病虫害

冀中南：疫病、黄萎病、绵疫病、软腐病等病害。

冀西北：疫病、炭疽病、病毒病、疮痂病、软腐病等病害；棉铃虫、斑潜蝇等虫害。

冀东北：病毒病、疫病、疮痂病、青枯病等病害；白粉虱、蚜虫、茶黄螨等虫害。

晋南：疫病、病毒病等病害。

晋东南：白粉虱、潜叶蝇等虫害；灰霉病、叶霉病等病害。

蒙东：根腐病、疫病、灰霉病等病害；蚜虫、白粉虱、潜叶蝇等虫害。

蒙西：疫病等病害。

（7）病虫害与气象条件的关系

疫病：一般气温在 25～30℃、空气相对湿度在 90％以上时，发病严重。

绵疫病：气温 30℃、空气相对湿度 85％以上是发病的最有利条件；温室内气温骤变或高温条件下冷水灌溉可加重该病流行。

软腐病：种植地连作、低洼潮湿、阴雨天多、蛀果害虫多等，易发病。

病毒病：高温、干旱、光照强的条件下发病较重。

疮痂病：高温高湿是发病的主要条件，病菌发育的适宜温度为 27～30℃。

青枯病：连年重茬及温室内高温高湿是发病的主要原因。

炭疽病:该病菌孢子萌发和侵染最适温度是 25～28℃,要求 95%以上的空气相对湿度,相对湿度低于 70%不利发病。

灰霉病:发病的适温为 20～25℃,空气相对湿度在 90%以上。

叶霉病:一般气温 22℃左右,空气相对湿度 90%以上,有利于病源侵染和病害发生。

根腐病:病菌发育适温为 24～28℃,田间积水,偏施氮肥时发病重。

白粉虱:成虫活动的最适气温为 25～30℃,低温、高温均能抑制成虫的活动。

茶黄螨:发生危害的最适温度为 16～27℃,空气相对湿度为 45%～90%,温暖多湿的环境利于发生。

棉铃虫:棉铃虫最适生活温度为 25～28℃。适宜温度下,温度越低,生长周期越长;温度越高,各代发育时间越短。

斑潜蝇:在 24℃以上,幼虫期平均为 4～7 天。35℃以上,自然死亡率高,活动减弱。

5.3 冬春茬青椒

5.3.1 播种育苗期

从播种到 5 片真叶左右。

(1)时间

冀中南:11 月中旬。

冀西北:2 月中旬—4 月上旬。

冀东北:一般无冬春茬青椒种植。

晋　南:11 月上中旬。

晋东南:12 月上旬—翌年 2 月上旬。

晋　北:11 月中旬—12 月中旬。

蒙　东:9 月末。

蒙　中:12 月下旬—翌年 2 月上旬。

蒙　西:11月下旬—翌年1月中旬。

（2）适宜的气象条件

一般幼苗出土前保持25～30℃为宜。种子拱土后及时撤掉覆盖物,一般白天温度控制在25～28℃,夜间15～20℃为宜。

（3）此期天气特点

冀中南:11月中旬旬平均气温为3.5～6.4℃;平均每天日照时数为5.0～6.2小时。

冀西北:旬平均气温由2月中旬的－9.4～－2.8℃、下旬的－8.0～－1.2℃、3月上旬的－5.5～0.8℃、中旬的－2.2～3.4℃、下旬的0.2～5.8℃,到4月上旬的4.1～9.9℃;平均每天日照时数为6.6～8.6小时。

晋南:旬平均气温11月上旬7.7～10.0℃、中旬4.1～6.8℃;平均每天日照时数11月上旬5.4～6.1小时、中旬4.6～5.4小时。

晋东南:从12月到翌年2月,12月月平均气温为－4.5～－0.3℃、1月月平均气温为6.3～2.2℃、2月上旬旬平均气温为－4.2～－0.6℃;平均每天日照时数12月5.3～6.5小时、1月5.4～6.6小时、2月上旬5.8～7.0小时。

晋北:旬平均气温11月中旬－4.8～1.1℃、11月下旬－7.3～－1.4℃、12月上旬－10.0～－3.7℃、12月中旬－12.1～－5.3℃;平均每天日照时数11月中旬5.7～7.1小时、11月下旬5.1～7.2小时、12月上旬5.0～6.7小时、12月中旬5.0～6.7小时。

蒙东:9月下旬旬平均气温在12.4～14.4℃之间;平均每天日照时数8.4～8.7小时。

蒙中:平均气温由12月下旬的－19.7～－5.4℃、1月的－15.3～－11.1℃,到2月上旬的－13.2～－8.5℃;期间平均每天日照时数在5.7～7.1小时之间变化。

蒙西:河套灌区平均气温11月下旬－4.2～－2.2℃、12月－8.6～－6.0℃、1月上旬－10.8～－7.0℃、1月中旬－11.2～－7.8℃;平均每天日照时数11月下旬7.0～7.6小时、12月6.3～7.1小时、1月上旬6.2～7.0小时、1月中旬6.7～7.3小时。

（4）主要灾害

冀中南：强降雪、低温寡照、大风等。

冀西北：低温冷冻害、大风等。

晋　南：低温寡照、大风等。

晋东南：低温冷冻害、强降雪、低温寡照、大风等。

晋　北：低温冷冻害、强降雪、大风等。

蒙　东：大风、高温高湿等。

蒙　中：低温冷冻害、强降雪、大风、低温寡照等。

蒙　西：低温冷冻害、强降雪、大风等。

（5）管理注意事项

注意加强采光和保温，有条件的应用电热温床育苗，温度过高或光照过强时注意通风和遮荫。

（6）主要病虫害

冀中南：猝倒病等病害。

冀西北：猝倒病、根枯病等病害，斑潜蝇等虫害。

晋南：猝倒病、疫病等病害。

晋东南：猝倒病等病害。

晋北：猝倒病等病害。

蒙东：猝倒病、立枯病等病害。

蒙西：猝倒病、立枯病等病害。

（7）病虫害与气象条件的关系

猝倒病：低温、高湿易诱发猝倒病。

疫病：一般气温在 25～30℃、空气相对湿度在 90％以上时，发病严重。

灰霉病：发病的适温为 20～25℃，空气相对湿度 90％以上。

立枯病：病菌的适宜生长温度为 24℃ 左右，在 12℃ 以下或 30℃以上病菌生长受到抑制。

斑潜蝇：在 24℃ 以上，幼虫期平均为 4～7 天。35℃ 以上，自然死亡率高，活动减弱。

5.3.2   定植期

（1）时间

冀中南：2 月上中旬。

冀西北：5 月上旬—5 月下旬。

晋　南：12 月下旬—翌年 1 月上旬。

晋东南：2 月中旬—3 月中旬。

晋　北：1 月中旬—2 月中旬。

蒙　东：11 月上旬。

蒙　中：2 月中旬—2 月下旬。

蒙　西：1 月下旬—2 月上旬。

（2）适宜的气象条件

白天 23～28℃，夜间 15℃左右。

（3）此期天气特点

冀中南：旬平均气温 2 月上旬 -2.6～1.1℃、中旬 -0.9～3.0℃；平均每天日照时数 2 月上旬 5.5～7.2 小时、中旬 5.1～6.7 小时。

冀西北：旬平均气温由 5 月上旬的 11.5～17.1℃、中旬的 12.8～18.5℃，到下旬的 15.1～20.9℃；平均每天日照时数 8.2～9.8 小时。

晋南：旬平均气温 12 月下旬 -2.5～0.5℃、1 月上旬 -2.8～-0.1℃；平均每天日照时数 12 月下旬 5.0～6.0 小时、1 月上旬 4.5～5.3 小时。

晋东南：旬平均气温分别为 2 月中旬 -2.1～1.3℃、下旬 -1.5～2.2℃、3 月上旬 0.3～4.1℃、中旬 2.8～6.5℃；平均每天日照时数 2 月中旬 5.5～6.3 小时、下旬 4.4～5.4 小时、3 月上旬 6.3～7.4 小时、中旬 5.3～6.6 小时。

晋北：旬平均气温为 1 月中旬 -14.7～-7.4℃、1 月下旬 -14.4～-6.5℃、2 月上旬 -12.5～-4.5℃、2 月中旬 -8.7～-2.2℃；平均每天日照时数 1 月中旬 5.1～6.8 小时、1 月下旬

6.2～7.9 小时、2 月上旬 6.0～7.5 小时、2 月中旬 5.9～7.4 小时。

蒙东:11 月上旬旬平均气温 0.1～2.4℃;平均每天日照时数 6.9～7.7 小时。

蒙中:旬平均气温 2 月中旬 −16.1～0.5℃、下旬 −11.0～2.5℃;平均每天日照时数 2 月中旬 6.7～17.4 小时、下旬 7.4～7.9 小时。

蒙西:河套灌区旬平均气温 1 月下旬 −10.8～−8.1℃、2 月上旬 −8.8～−5.8℃;平均每天日照时数 1 月下旬 7.0～7.5 小时、2 月上旬 7.5～7.9 小时。

(4)主要灾害

冀中南:低温冷冻害、低温寡照、大风、强降雪等。

冀西北:低温冷冻害、大风等。

晋　南:低温冷冻害、强降雪、低温寡照、大风等。

晋东南:低温冷冻害、连阴寡照、大风等。

晋　北:低温冷冻害、强降雪、大风等。

蒙　东:低温冷冻害、强降雪、大风、低温寡照等。

蒙　中:低温冷冻害、强降雪、大风、低温寡照等。

蒙　西:低温冷冻害、强降雪、大风等。

(5)管理注意事项

缓苗期要尽量创造较高的温度条件;缓苗结束要通风降温;注意保温和采光;加固棚膜和草苫,防风害。

(6)主要病虫害

冀中南:猝倒病、立枯病、沤根等病害。

冀西北:疫病、炭疽病、病毒病、疮痂病、软腐病等病害;棉铃虫、斑潜蝇等虫害。

晋南:疫病、细菌性病害等病害。

晋东南:灰霉病、叶霉病等病害;白粉虱、潜叶蝇等虫害。

晋北:猝倒病等病害。

蒙东:猝倒病、立枯病、沤根等病害。

蒙西:猝倒病、立枯病、沤根等病害。

（7）病虫害与气象条件的关系

疫病：一般气温在 25～30℃、空气相对湿度在 90% 以上时，发病严重。

炭疽病：该病菌孢子萌发和侵染最适温度为 25～28℃，要求 95% 以上的空气相对湿度，相对湿度低于 70% 不利发病。

病毒病：高温、干旱、光照强的条件下发病较重。

疮痂病：高温高湿是发病的主要条件，病菌发育的适宜温度为 27～30℃。

软腐病：种植地连作、低洼潮湿、阴雨天多、蛀果害虫多等，易发病。

灰霉病：发病的适温为 20～25℃，空气相对湿度在 90% 以上。

晚疫病：晚疫病菌在低温高湿条件下发病重，白天气温 24℃ 以下、夜温 10℃、昼夜温差大、田间长时间高湿的条件下易发病。

叶霉病：一般气温 22℃ 左右，空气相对湿度 90% 以上，有利于病源侵染和病害发生。

猝倒病：低温、高湿易诱发猝倒病。

立枯病：病菌的适宜生长温度为 24℃ 左右，在 12℃ 以下或 30℃ 以上病菌生长受到抑制。

沤根：地温低于 12℃，持续时间较长，且浇水过量或遇连阴雨天；苗床温度过低，幼苗发生萎蔫，萎蔫持续时间长等，均易产生沤根。

棉铃虫：最适生活温度为 25～28℃。适宜温度下，温度越低，生长周期越长；温度越高，各代发育时间越短。

斑潜蝇：在 24℃ 以上，幼虫期平均为 4～7 天。35℃ 以上，自然死亡率高，活动减弱。

白粉虱：成虫活动的最适气温为 25～30℃，低温、高温均能抑制成虫的活动。

5.3.3 花果期

（1）时间

　　　　冀中南：3月上中旬—6月。

　　　　冀西北：5月下旬—7月。

　　　　晋　南：3月下旬—6月。

　　　　晋东南：3月下旬—5月下旬。

　　　　晋　北：3月上旬—4月上旬。

　　　　蒙　东：2月初—5月下旬。

　　　　蒙　中：4月上旬—7月下旬。

　　　　蒙　西：4月中旬—6月中旬。

（2）适宜的气象条件

适温白天23～28℃，夜间20℃左右。

（3）此期天气特点

冀中南：月平均气温由3月的5.5～8.5℃、4月的13.8～16.1℃、5月的19.6～21.7℃，到6月的24.2～26.4℃；平均每天日照时数3月6.1～7.7小时、4月7.4～8.7小时、5月7.5～9.1小时、6月7.1～8.9小时。

冀西北：月平均气温由5月的13.2～18.9℃、6月的17.6～23.0℃，到7月的19.7～24.8℃；平均每天日照时数由5月下旬的8.8～9.8小时，到7月的7.6～8.9小时。

晋南：从3月到6月，月平均气温分别为3月6.4～9.0℃、4月13.6～15.9℃、5月19.0～21.3℃、6月23.0～26.0℃；平均每天日照时数3月5.4～6.1小时、4月6.5～7.3小时、5月7.2～8.0小时、6月6.7～7.8小时。

晋东南：平均气温分别为3月下旬4.4～8.3℃、4月9.9～13.7℃、5月15.4～18.9℃；平均每天日照时数3月下旬6.5～7.9小时、4月7.2～8.6小时、5月7.8～9.4小时。

晋北：旬平均气温3月上旬−5.4～1.1℃、3月中旬−1.8～4.3℃、3月下旬0.6～6.5℃、4月上旬4.2～10.1℃；平均每天日照时数 3 月上旬 6.6～8.2 小时、3 月中旬 6.0～7.9 小时、3 月下旬 7.2～9.0 小时、4 月上旬 7.4～8.8 小时。

蒙东:从 2 月到 5 月,月平均气温分别为 2 月－9.3～6.6℃、3 月－2.3～0.3℃、4 月 7.9～10.0℃、5 月 15.4～16.9℃;平均每天日照时数分别为 2 月 7.5～8.2 小时、3 月 8.7～8.7 小时、4 月 8.4～8.7 小时、5 月 8.6～9.2 小时。

蒙中:从 4 月到 7 月,月平均气温分别为 4 月 4.8～10.3℃、5 月 12.1～17.2℃、6 月 17.2～21.8℃、7 月 19.3～23.7℃;平均每天日照时数 4 月 8.9～9.2 小时、5 月 9.4～9.5 小时、6 月 9.3～9.6 小时、7 月 8.6～9.0 小时。

蒙西:河套灌区从 4 月到 6 月,月平均气温分别为 4 月 9.5～10.3℃、5 月 16.6～17.8℃、6 月 21.5～22.1℃;平均每天日照时数 4 月 9.2～10.0 小时、5 月 10.0～10.8 小时、6 月 7.2～7.8 小时。

(4)主要灾害

冀中南:低温冷冻害、连阴寡照、大风、高温高湿等。

冀西北:低温冷冻害、风雹、大风、洪涝等。

晋　南:低温冷冻害、连阴寡照、大风、高温高湿等。

晋东南:低温冷冻害、连阴寡照、大风、高温高湿等。

晋　北:低温冷冻害、大风等。

蒙　东:低温冷冻害、低温寡照、强降雪、大风、高温高湿等。

蒙　中:大风、高温高湿、洪涝等。

蒙　西:大风、高温高湿等。

(5)管理注意事项

连阴天注意对散射光的利用;日常通过通风和保温措施严格控制好昼夜温度;前期注意保温防寒,中后期注意通风降温排湿防病防落花。

(6)主要病虫害

冀中南:疫病、病毒病、灰霉病等病害。

冀西北:疫病、炭疽病、病毒病、疮痂病、软腐病等病害;棉铃虫、斑潜蝇等虫害。

晋南：疫病、细菌性病害、病毒病、白粉病等病害；蚜虫、螨虫、菜青虫、白粉虱等虫害。

晋东南：灰霉病、叶霉病等病害；白粉虱、潜叶蝇等虫害。

晋北：猝倒病等病害。

蒙东：根腐病、疫病、灰霉病等病害；蚜虫、白粉虱、潜叶蝇等虫害。

蒙中：青枯病、疫病等病害。

蒙西：疫病等病害。

(7)病虫害与气象条件的关系

疫病：一般气温在 $25\sim30℃$、空气相对湿度在 90% 以上时，发病严重。

炭疽病：该病菌孢子萌发和侵染最适温度是 $25\sim28℃$，要求 95% 以上的空气相对湿度，空气相对湿度低于 70% 不利发病。

疮痂病：高温高湿是发病的主要条件，病菌发育的适宜温度为 $27\sim30℃$。

软腐病：种植地连作、低洼潮湿、阴雨天多、蛀果害虫多等，易诱发本病。

白粉病：气温 $25\sim28℃$，空气相对湿度 60%～75% 时最易感病。

灰霉病：发病的适温为 $20\sim25℃$，空气相对湿度为 90% 以上。

叶霉病：一般气温 22℃ 左右，空气相对湿度 90% 以上，有利于病源侵染和病害发生。

猝倒病：低温、高湿易诱发猝倒病。

根腐病：病菌发育适温为 $24\sim28℃$，田间积水，偏施氮肥时发病重。

青枯病：连年重茬及温室内高温高湿是发病的主要原因。

枯萎病：当气温 $24\sim28℃$、土壤湿度大时，则易发病。

棉铃虫：最适生活温度为 $25\sim28℃$。适宜温度下，温度越低，生长周期越长；温度越高，各代发育时间越短。

斑潜蝇：在 24℃ 以上，幼虫期平均为 $4\sim7$ 天。35℃ 以上，自然死亡率高，活动减弱。

菜青虫：发育最适温度为 20～25℃，空气相对湿度为 76％左右。

　　白粉虱：成虫活动的最适气温为 25～30℃，低温、高温均能抑制成虫的活动。

参考文献

陈济福，丁新天，姚岳良，等.2000.青椒三大病害发生特点及防治对策[J].上海农业科技,(1):70-71.

杜相杰.2012.日光温室越冬茬青椒定植及定植后的管理[J].现代农村科技,(9):21.

邓立文.2012.辣椒立枯病的症状及防治[J].农民科技培训,(12):35.

郭爱莲.1997.日光温室蔬菜病虫害与气象条件关系及防治措施[J].河南气象,(2):29-30.

郭军.2011.白飞虱的发生与防治[J].现代农业科技,(8):152 转 157.

哈斯也提热合曼,于洪波.2008.温室蔬菜主要病害的发生及防治[J].现代农业科技,(23):155.

贾士龙.2010.青椒三大病害的发生及防治[J].农家科技,(12):11.

李荣刚,李春宁,胡木强,等.2004.河北设施农业技术模式 1000 例[M].石家庄:河北科学技术出版社.

李翠英,谭刚.2011.青椒几种主要病害的发生与防治[J].四川农业科技,(6):44-45.

李华.2009.青椒主要病虫害防治技术[J].农业技术与装备,(9):48-49.

刘学义,王洪淘,高伟力,等.2008.棉铃虫发生程度与降雨量关系的研究（英文），Agricultural Science & Technology[J].农业科学与技术（英文版）,(2):13-142.

梁志伟.2012.温室青椒秋冬茬高产高效栽培技术[J].现代农村科技,(16):19-20.

马占元.1997.日光温室实用技术大全[M].石家庄:河北科学技术出版社.

马成芝,孙立德,王天仲.2008.温室大棚青椒主要病虫害发生的气象条件及防治措施研究[J].现代农业科技,(22):108-110.

山东省地方标准.2009.日光温室越冬茬青椒栽培技术规范[S].山东蔬菜,(3):

24-25.

孙晓丽,杜大伟.2010.蔬菜潜叶蝇发生规律及综合防治技术[J].中国园艺文摘,(1):125.

沈慧.2008.大棚辣椒沤根的防治[J].蔬菜,(10):20.

王发胜,孙彦,刘艳.2005.日光温室冬春茬青椒栽培技术要点[J].中国农业信息,(11):29.

王秀兰,王宗昌,师延菊,等.2007.引发大棚青椒烂果的主要病害及其防治技术[J].现代农业科技,(12):64.

杨玉萍,孔凡成,崔旭东,等.2013.大棚青椒苗期病害发生与温湿度相关性初步研究[J].农业科技通讯,(6):112-114.

杨晓东.2012.日光温室冬春茬辣椒生产栽培技术[J].现代农村科技,(16):16-17.

杨士杰,谌校清.2009.抗性斑潜蝇的防治对策[J].植物医生,(6):22-23.

阎创志.2011.小地老虎的发生与综合防治措施[J].科学之友,(3):154-155.

郑忠添.2009.菜青虫综合防治技术[J].安徽农学通报,(15):114-238.

左维刚.2003.辣椒根腐、茎基腐病的综合防治[J].云南农业科技,(4):32-34.

应芳卿.2009.蔬菜疫病的发生及综合防治技术[J].中国果菜,(4):34-35.

第 **6** 章

日光温室芹菜气象服务基础

日光温室芹菜种植一般与黄瓜、番茄等果菜类蔬菜搭配种植,芹菜作为秋冬茬,后面与冬春茬的黄瓜或番茄搭配,完成一个年度的日光温室蔬菜生产;也有的区域日光温室芹菜作为独立的茬口种植。

6.1　秋冬茬芹菜

6.1.1　播种育苗期

播种~6片真叶。

(1)时间

　　　　冀中南:7月份。

　　　　冀西北:当地一般无秋冬茬芹菜种植。

　　　　冀东北:8月份。

　　　　晋　南:当地一般无秋冬茬芹菜种植。

　　　　晋东南:9月上旬—10月下旬。

　　　　晋　中:当地一般无秋冬茬芹菜种植。

　　　　晋　北:5月上旬—6月下旬。

　　　　蒙　东:当地一般无秋冬茬芹菜种植。

　　　　蒙　中:7月中旬—9月上旬。

　　　　蒙　西:7月下旬。

(2)适宜的气象条件

幼苗可耐-5~-4℃的低温,营养生长的适宜温度为15~20℃,25℃以上生长不良,易发生病害,品质下降。幼苗期以白天气温 15～20℃,夜间 7～10℃为宜。

（3）此期天气特点

冀中南:7 月月平均气温为 26.2～27.4℃;平均每天日照时数为 5.8～7.8 小时。

冀东北:8 月月平均气温为 20.9～25.2℃;平均每天日照时数为 6.3～8.7 小时。

晋东南:月平均气温由 9 月的 15.0～18.4℃,到 10 月的 9.2～12.5℃;平均每天日照时数 9 月 5.3～6.6 小时、10 月 5.5～7.0 小时。

晋北:从 5 月到 6 月,月平均气温分别为 5 月 13.8～18.8℃、6 月 17.9～23.1℃;平均每天日照时数分别为 5 月 8.3～9.8 小时、6 月 7.7～9.4 小时。

蒙中:7 月中旬旬平均气温为 19.6～28.0℃、7 月下旬旬平均气温为 20.3～28.3℃、8 月月平均气温为 17.2～21.4℃、9 月上旬旬平均气温为 13.7～21.4℃;平均每天日照时数 7 月中旬 8.9～9.3 小时、7 月下旬 8.0～8.4 小时、8 月 8.3～8.5 小时、9 月上旬 7.9～8.2 小时。

蒙西:河套灌区 7 月下旬旬平均气温 23.6～24.7℃;平均每天日照时数 9.4～9.9 小时。

（4）主要灾害

冀中南:光照强度过大、高温高湿、雨涝、连阴寡照、大风等。

冀东北:连阴寡照、高湿闷热等。

晋东南:高温高湿、连阴寡照、大风等。

晋　北:风雹、大风、洪涝、连阴雨等。

蒙　中:高温高湿、洪涝、光照强度过大、大风等。

蒙　西:高温高湿、光照强度过大、大风等。

（5）管理注意事项

苗床应选地势高、易排水的地方;还要有遮盖防雨条件,多次疏、间苗。伏天育苗主要是降温管理。

（6）主要病虫害

冀中南：立枯病、枯斑病等病害。

冀东北：立枯病、枯斑病等病害。

晋东南：基腐病、花叶病等病害；潜叶蝇等虫害。

晋北：软腐病等病害；斑潜蝇等虫害。

蒙中：枯斑病、斑点病等病害；蚜虫等虫害。

蒙西：枯斑病、斑点病等病害。

（7）病虫害与气象条件的关系

立枯病：发病的适宜温度为 17～28℃，在 12℃ 以下、30℃ 以上时病菌发育受到抑制，不易发病。

枯斑病：在冷凉和高湿条件下易发生，气温在 20～25℃，空气相对湿度在 95％ 以上时发病严重。

花叶病：又称病毒病。芹菜生长期间长期高温干旱，发病较重。

斑点病：又称早疫病。温室内白天温暖，夜间 15℃ 左右并有结露，芹菜脱肥、长势弱时，最适于病害发生流行。

软腐病：病菌喜高温高湿的环境，适宜发病温度为 2～40℃，最适温度为 25～30℃，空气相对湿度在 90％ 以上。

基腐病：又称芹菜黑腐病。此病发生最适温度在 18℃ 左右。

斑潜蝇：主要是通过空气介质传播。在 15～26℃ 条件下，15～20 天完成一个世代，25～30℃ 条件下只需 12～14 天。

蚜虫：蚜虫发生后芹菜主要特征是叶片皱缩、生长不良、心叶枯焦。多发生在高温、干旱的夏、秋芹菜种植中。

潜叶蝇：一般成虫的适宜温度在 16～18℃，幼虫在 20℃ 左右，高温对潜叶蝇的发育不利。

6.1.2　定植期

（1）时间

冀中南：9 月上中旬。

冀东北：11 月上旬。

晋东南：11 月上旬—11 月下旬。

晋　北：7月上旬—9月下旬。

蒙　中：9月中旬。

蒙　西：9月下旬。

（2）适宜的气象条件

白天温室内温度保持在15～20℃，夜间保持在10～15℃。即使遇到连阴天，也要坚持短时间通风换气，降低温室内湿度。根据天气适时放风，随着天气转冷，逐渐缩短放风时间。温度降至5～8℃时，夜间温室外加盖草苫，加强保温。夜间温度应在5℃以上。

（3）此期天气特点

冀中南：旬平均气温9月上旬21.6～23.3℃、中旬19.6～21.6℃；平均每天日照时数9月上旬5.8～7.6小时、中旬6.0～7.7小时。

冀东北：11月上旬旬平均气温1.9～8.0℃；平均每天日照时数11月上旬6.1～7.4小时。

晋东南：旬平均气温11月上旬4.7～8.4℃、11月中旬1.6～5.1℃、11月下旬－0.6～3.4℃；平均每天日照时数11月上旬5.8～7.1小时、11月中旬5.5～6.6小时、11月下旬5.5～6.6小时。

晋北：月平均气温7月19.7～24.9℃、8月17.7～22.6℃、9月12.3～17.4℃；平均每天日照时数7月7.2～9.3小时、8月7.0～8.7小时、9月6.6～8.3小时。

蒙中：9月中旬旬平均气温在12.0～16.2℃；平均每天日照时数为8.2～8.6小时。

蒙西：河套灌区9月下旬旬平均气温在13.6～14.5℃；平均每天日照时数为8.1～8.9小时。

（4）主要灾害

冀中南：高温高湿、连阴寡照、大风等。

冀东北：低温寡照、大风等。

晋东南：低温寡照、大风等。

晋　北：风雹、大风、洪涝等。

蒙　中：高温高湿、大风等。

蒙　西:高温高湿、大风等。

（5）管理注意事项

超过 25℃要放风,精细锄划,松土保墒。低温时注意保温,增加覆盖物。

（6）主要病虫害

冀中南:斑点病等病害。

冀东北:斑点病等病害。

晋东南:基腐病、花叶病等病害;潜叶蝇等虫害。

晋北:叶斑病、软腐病等病害;斑潜蝇等虫害。

蒙中:枯斑病、斑点病等病害;蚜虫等虫害。

蒙西:枯斑病、斑点病等病害。

（7）病虫害与气象条件的关系

叶斑病:发病的适宜温度为 25～30℃,空气相对湿度在 85% 以上。

基腐病:又称芹菜黑腐病。此病发生最适温度在 18℃左右。

花叶病:又称病毒病。芹菜生长期间长期高温干旱,发病较重。

软腐病:病菌喜高温高湿的环境,适宜发病温度为 2～40℃,最适温度为 25～30℃,空气相对湿度在 90% 以上。

枯斑病:在冷凉和高湿条件下易发生,气温在 20～25℃,空气相对湿度在 95% 以上时发病严重。

斑点病:又称早疫病。温室内白天温暖,夜间 15℃左右并有结露,芹菜脱肥、长势弱时,最适于病害发生流行。

潜叶蝇:一般成虫的适宜温度在 16～18℃,幼虫在 20℃左右,高温对潜叶蝇的发育不利。

斑潜蝇:主要是通过空气介质传播。在 15～26℃条件下,15～20 天完成一个世代,25～30℃条件下只需 12～14 天。

蚜虫:蚜虫发生后芹菜主要特征是叶片皱缩、生长不良、心叶枯焦。多发生在高温、干旱的夏、秋芹菜种植中。

6.1.3　收获期

(1)时间

冀中南:11月下旬—翌年1月。

冀东北:12—翌年1月。

晋东南:1—2月。

晋　北:10月上旬—12月下旬。

蒙　中:12月上旬—12月中旬。

蒙　西:12月下旬。

(2)适宜的气象条件

最适温度白天24～28℃,夜间12～14℃。

(3)此期天气特点

冀中南:11月下旬旬平均气温为1.1～4.4℃、12月月平均气温为−2.5～1.0℃、1月月平均气温为−4.6～−0.9℃;平均每天日照时数11月下旬4.1～5.7小时、12月4.5～5.9小时、1月4.6～6.3小时。

冀东北:月平均气温12月−8.9～−1.7℃、1月−10.9～−4.3℃;月平均每天日照时数12月5.2～6.6小时、1月5.7～7.0小时。

晋东南:从1月到2月,月平均气温分别为1月6.3～2.2℃、2月−2.5～0.9℃;平均每天日照时数1月5.4～6.6小时、2月5.2～6.2小时。

晋北:月平均气温由10月的4.9～10.2℃,到11月的−4.3～1.5℃、12月的−11.7～−5.4℃;平均每天日照时数10月6.7～8.0小时、11月5.7～7.2小时、12月5.0～6.8小时。

蒙中:旬平均气温12月上旬−14.1～−1.8℃、12月中旬−15.7～−3.5℃;平均每天日照时数12月上旬6.2～6.6小时、12月中旬6.2～6.7小时。

蒙西:河套灌区12月下旬旬平均气温−10.2～−7.1℃;平均每天日照时数6.0～7.2小时。

（4）主要灾害

冀中南：低温冷冻害、强降雪、低温寡照、大风等。

冀东北：低温冷冻害、强降雪、低温寡照、大风等。

晋东南：低温冷冻害、强降雪、低温寡照、大风等。

晋　北：低温冷冻害、强降雪、大风等。

蒙　中：低温冷冻害、低温寡照、强降雪、大风等。

蒙　西：低温冷冻害、强降雪、大风等。

（5）管理注意事项

注意变温管理，可促进伤口加快愈合，避免病菌侵染，又可以气温促地温，促进根系再生，增强吸收能力。喷药防病。若要延长西芹的收获期，可在后延期间白天通风降温，夜间若无大冻要减少覆盖，使芹菜在低温下延迟衰老，这种低温（0～5℃）管理，实际上是一种"活体保鲜"，可延迟收获，保证其品质不变。

（6）主要病虫害

冀中南：斑点病等病害。

冀东北：斑点病等病害。

晋东南：基腐病、花叶病等病害；潜叶蝇等虫害。

晋北：叶斑病、软腐病等病害；斑潜蝇等虫害

蒙西：叶斑病等病害。

（7）病虫害与气象条件的关系

斑点病：又称早疫病。温室内白天温暖，夜间 15℃ 左右并有结露，芹菜脱肥、长势弱时，最适于病害发生流行。

基腐病：又称芹菜黑腐病。此病发生最适温度在 18℃ 左右。

花叶病：又称病毒病。芹菜生长期间长期高温干旱，发病较重。

叶斑病：发病的适宜温度为 25℃～30℃，空气相对湿度在 85％ 以上。

软腐病：病菌喜高温高湿的环境，适宜发病温度为 2～40℃，最适温度为 25～30℃，空气相对湿度在 90％ 以上。

潜叶蝇：一般成虫的适宜温度在 16～18℃，幼虫在 20℃ 左右，高温对潜叶蝇的发育不利。

斑潜蝇：主要是通过空气介质传播。在 15～26℃条件下，15～20 天完成一个世代，25～30℃条件下只需 12～14 天。

参考文献

陈志杰.2001.设施蔬菜斑潜蝇的发生及防治.西北园艺,(6):37.

胡文静.2013.芹菜斑枯病和叶斑病的发病原理及防治措施.现代农村科技,(20):23.

韩学俭.2004.芹菜早疫病.农村科技,(1):31.

李世武.2011.芹菜常见病害的田间诊断与防治措施.植物医生,(4):13-15.

穆伟,刘海荣,赵建立,等.2012.日光温室秋冬茬芹菜高产高效栽培技术[J].中国园艺文摘,(12):137-168.

孟霞.2012.日光温室秋冬茬芹菜栽培技术[J].种业导刊,(1):25.

马占元.1997.日光温室实用技术大全[M].石家庄:河北科学技术出版社.

李荣刚,李春宁,胡木强,等.河北设施农业技术模式 1000 例[M].石家庄:河北科学技术出版社,2004.

王秀云.2002.芹菜枯斑病的发生与防治.安徽农业,(11):22.

吴页宝.2008.棚室芹菜育苗主要病害及综合防治.现代园艺,(1):35.

王玉霞,孙淑凤.2011.日光温室秋冬茬芹菜栽培技术[J].吉林蔬菜,(4):9-10.

王永柱.2013.日光温室秋冬茬芹菜高产栽培技术.蔬菜,(6):40-42.

易良湘.1999.芹菜黑腐病的防治方法.植物医生,(2):8.

张春巧.2004.芹菜软腐病的发生特点及防治方法.河北农业科技,(11):15.

第 **7** 章

日光温室甘蓝气象服务基础

甘蓝没有比较明确的茬口安排,有在春节前后上市的,也有在其他季节上市的。

7.1 播种育苗期

播种~6 片真叶或 7 片真叶。

(1)时间

冀中南:9—10 月。

冀西北:4 月下旬—5 月中旬。

冀东北:一般无日光温室甘蓝种植。

晋　南:一般无日光温室甘蓝种植。

晋东南:1—2 月。

晋　中:一般无日光温室甘蓝种植。

晋　北:3 月上旬—4 月下旬和 9 月上旬—10 月下旬。

蒙　东:一般无日光温室甘蓝种植。

蒙　中:12 月中旬—翌年 1 月中旬。

蒙　西:12 月上旬—翌年 1 月中旬。

(2)适宜的气象条件

出苗前白天温度在 20~25℃,夜间 12~15℃;出苗后白天温度在 20℃左右,夜间 10~13℃。

(3)此期天气特点

冀中南:月平均气温 9 月 19.6~21.5℃、10 月 12.8~15.3℃;平均每天日照时数 9 月 5.9~7.7 小时、10 月 5.8~7.2 小时。

冀西北:旬平均气温由 4 月下旬的 8.3～14.2℃、5 月上旬的 11.5～17.1℃,到中旬的 12.8～18.5℃;平均每天日照时数 8.2～9.4 小时。

晋东南:从 1 月到 2 月,月平均气温分别为 1 月 6.3～2.2℃、2 月－2.5～0.9℃;平均每天日照时数 1 月 5.4～6.6 小时、2 月 5.2～6.2 小时。

晋北:月平均气温 3 月－2.1～4.0℃、4 月 6.4～12.2℃;平均每天日照时数 3 月 6.7～8.4 小时、4 月 7.6～9.1 小时。月平均气温 9 月 12.3～17.4℃、10 月 4.9～10.2℃;平均每天日照时数 9 月 6.6～8.3 小时、10 月 6.7～8.0 小时。

蒙中:旬平均气温由 12 月中旬的－13.4～－8.9℃、下旬的－14.1～－10.2℃,到 1 月上旬的－15.2～－11.1℃、1 月中旬的－15.6～－11.3℃;平均每天日照时数 12 月中旬 6.2～6.7 小时、12 月下旬 5.6～6.4 小时、1 月上旬 5.9～6.5 小时、1 月中旬 6.4～7.1 小时。

蒙西:12 月气温变化不大,1 月气温迅速下降。其中,河套灌区旬平均气温由 12 月上旬的－6.9～－4.7℃、12 月中旬的－8.8～－6.2℃、12 月下旬的－10.2～－7.1℃,到 1 月上旬的－10.8～－7.0℃、中旬的－11.2～－7.8℃;平均每天日照时数 12 月上旬 6.6～7.2 小时、12 月中旬 6.4～7.0 小时、12 月下旬 6.0～7.2 小时、1 月上旬 6.2～7.0 小时、1 月中旬 6.7～7.3 小时。

(4)主要灾害

冀中南:连阴寡照、大风等。

冀西北:低温冷冻害、大风等。

晋东南:低温冷冻害、强降雪、低温寡照、大风等。

晋　北:低温冷冻害、大风等。

蒙　中:低温冷冻害、低温寡照、强降雪、大风等。

蒙　西:低温冷冻害、强降雪、大风等。

(5)管理注意事项

出苗前保持较高温度和土壤湿度,以便出苗,出苗后适当降温控水,以防徒长。晴朗高温期要注意通风降温、排湿,防止夜温过高。

（6）主要病虫害

冀中南：霜霉病、黑斑病、黑腐病、白锈病等病害。

冀西北：霜霉病、黑斑病、软腐病等病害；菜青虫、小菜蛾、蚜虫等虫害。

晋东南：菜青虫等虫害。

晋北：蚜虫、吊丝虫等虫害。

蒙中：黑腐病、霜霉病、菌核病等病害。

（7）病虫害与气象条件的关系

霜霉病：最易发病的条件是湿度大，温度在 10～15℃，但病原菌发育的不同阶段各有最适宜条件，分生孢子在 8～12℃ 萌发最快，而侵入最适宜温度在 16℃，菌丝形成在 20～24℃。

黑斑病：甘蓝黑斑病菌在 10～35℃ 都能生长发育，发病适温28～31℃，高温高湿的环境均可发病。

黑腐病：甘蓝黑腐病菌生长发育最适温度为 25～30℃，最适空气相对湿度为 80％～100％。

软腐病：病菌生长发育最适温度为 25～30℃，致死温度为 50℃，不耐光或干燥。

菌核病：病原发育最适宜温度为 20℃。低温寡照，阴雨潮湿，病害发生较重。

菜青虫：菜青虫发育最适温度为 20～25℃，空气相对湿度 76％左右。

小菜蛾：发育适温为 20～30℃。

7.2　定植结球期

（1）时间

冀中南：10—12 月。

冀西北：5 月下旬—7 月。

晋东南：3—4 月。

晋　　北：5 月上旬—7 月下旬和 11 月上旬—翌年 1 月

下旬。

蒙　　中：1月下旬—3月中旬。

蒙　　西：2月中下旬。

（2）适宜的气象条件

定植后室温白天 22～25℃，缓苗后室温白天在 18～22℃，夜间 10℃左右，不超过 25℃。

（3）此期天气特点

冀中南：月平均气温由 10 月的 12.8～15.3℃、11 月的 3.8～7.0℃，到 12 月的 －2.5～1.0℃；平均每天日照时数由 10 月的 5.8～7.2 小时、11 月的 4.9～6.2 小时，到 12 月的 4.5～5.9 小时。

冀西北：月平均气温由 5 月的 13.2～18.9℃、6 月的 17.6～23.0℃，到 7 月的 19.7～24.8℃；平均每天日照时数由 5 月下旬的 8.8～9.8 小时，到 7 月的 7.6～8.9 小时。

晋东南：从 3 月到 4 月，月平均气温分别为 3 月 2.6～6.4℃、4 月 9.9～13.7℃；平均每天日照时数 3 月 6.0～7.3 小时、4 月 7.2～8.6 小时。

晋北：从 5 月到 7 月，月平均气温分别为 5 月 13.8～18.8℃、6 月 17.9～23.1℃、7 月 19.7～24.9℃；平均每天日照时数分别为 5 月 8.3～9.8 小时、6 月 7.7～9.4 小时、7 月 7.2～9.3 小时。从 11 月到翌年 1 月，月平均气温 11 月 －4.3～1.5℃、12 月 －11.7～－5.4℃、1 月 －14.3～－7℃；平均每天日照时数 11 月 5.5～6.9 小时、12 月 5.0～6.8 小时、1 月 5.4～7.0 小时。

蒙中：从 1 月到 3 月，月平均气温分别为 1 月 －15.3～－11.1℃、2 月 －11.0～－5.8℃、3 月 －4.3～1.4℃；平均每天日照时数 1 月 6.3～6.9 小时、2 月 7.0～7.6 小时、3 月 7.8～8.3 小时。

蒙西：河套灌区旬平均气温由 2 月中旬的 －5.6～－3.1℃，到下旬的 －4.0～－2.2℃；平均每天日照时数 2 月中旬 7.2～7.5 小时、2 月下旬 7.8～8.3 小时。

（4）主要灾害

冀中南：强降雪、低温寡照、大风等。

冀西北:洪涝、风雹等。

晋东南:连阴寡照、大风等。

晋　北:大风、低温冷冻害、强降雪、低温寡照等。

蒙　中:低温冷冻害、强降雪、低温寡照、大风、高温高湿等。

蒙　西:低温冷冻害、强降雪、大风等。

(5)管理注意事项

反复中耕锄划,保墒和提高地温,结球后浇水量要增大、次数要增多,保持土壤湿润,在收获前一周停止浇水,以免叶球开裂;预防先抽薹的方法是选择冬性强的品种,利用性能比较好的温室,根据温室的性能安排合理的播种期,避开幼苗期低温的影响,针对气候条件,遇到持续低温阴雨天,把苗留在较小的范围内,加强保温和补温,不让它得到通过春化阶段的低温阶段,定植缓苗后,及时中耕,提高地温促苗快长,进入结球期,要肥水猛攻,以营养生长抑制生殖生长。

(6)主要病虫害

冀中南:霜霉病、黑斑病、黑腐病、白锈病等病害。

冀西北:霜霉病、黑斑病、软腐病等病害;虫害有菜青虫、小菜蛾、蚜虫等。

晋东南:菜青虫等虫害。

晋北:蚜虫、吊丝虫等虫害。

蒙中:黑腐病 、霜霉病、软腐病、黑斑病等病害;甘蓝夜蛾、菜青虫等虫害。

蒙西:菜青虫、蚜虫等虫害。

(7)病虫害与气象条件的关系

霜霉病:最易发病的条件是湿度大,温度在 $10\sim15℃$,但病原菌发育的不同阶段各有最适宜条件,分生孢子在 $8\sim12℃$ 萌发最快,而侵入最适宜温度在 $16℃$,菌丝形成在 $20\sim24℃$ 。

黑斑病:甘蓝黑斑病菌在 $10\sim35℃$ 都能生长发育,发病适温 $28\sim31℃$,高温高湿的环境均可发病。

黑腐病:甘蓝黑腐病菌生长发育最适温度为 $25\sim30℃$,最适空气相对湿度为 80%～100%。

软腐病：病菌生长发育最适温度为 25～30℃，致死温度为 50℃，不耐光或干燥。

菜青虫：菜青虫发育最适温度为 20～25℃，空气相对湿度 76% 左右。

小菜蛾：发育适温为 20～30℃。

甘蓝夜蛾：当日平均温度在 18～25℃、空气相对湿度为 70%～80% 时有利于发育。

参考文献

安匀彬.2009.日光温室甘篮栽培技术[J].中国蔬菜,(3):38-39.

陈运其.2012.早春甘蓝菌核病的防治[J].农药市场信息,(7):47.

杜春凤,贾宝玲,冯宝芹.2011.秋冬茬甘蓝－冬春茬甘蓝－早春茬尖椒周年生产高效栽培技术[J].蔬菜,(10):21-23.

纪长娟.2013.羽衣甘蓝日光温室高产栽[J].农民致富之友,(9):32.

黄德芬,李成琼,司军,等.2011.甘蓝黑腐病生理小种划分及其抗病性鉴定研究进展[J].中国蔬菜,(18):7.

孔苗,刘艳波,史小强.2006.甘蓝软腐病的识别与防治[J].现代农业科技,(4):53.

马占元.1997.日光温室实用技术大全[M].石家庄:河北科学技术出版社.

任淑范.2013.论甘蓝夜蛾的防治方法.农民致富之友[J],(5):62.

司凤举,司越.2007.白菜类、甘蓝类黑斑病的发生与防治[J].长江蔬菜,(11):21.

伍海森,郭玉彦.2007.几种农药对菜青虫的防治试验[J].中国果菜,(2):38.

修明霞,张进美,宋友玉,等.2007.小菜蛾发生与综合防治技术[J].植物医生,(6):13.

于利,黄建新,王红,等.2013.结球甘蓝霜霉病抗性鉴定与遗传分析[J].华北农学报,**28**(3):193-198.

赵克丽.2013.甘蓝－尖椒双新双茬高产高效栽培技术[J].农业开发与装备,(4):81.